碳排放报告

发电企业碳排放管理

工作手册

绿证

《发电企业碳排放管理工作手册》编写组　编

碳配额

内容提要

我国发电行业碳市场近年来逐渐成熟。为迅速提高发电行业专业技术人员对碳市场的认识和实践水平，解答一线工作人员在工作中遇到的问题，本书从实践角度对行业政策制度进行解读，并整理出大量表格、流程图便于读者快速掌握发电行业碳业务相关工作。

全书分为两部分，分别为火电篇和新能源篇。第一部分火电篇，详细介绍燃煤发电行业碳排放量计算及碳配额分配、碳排放报告线上填报及现场核查、企业履约操作过程中的关键和疑难问题；第二部分新能源篇，主要介绍双碳背景下新能源企业如何开展自愿减排项目（CCER）开发交易、绿证开发交易、绿色电力交易工作。

本书力图完整地解答发电行业碳业务工作人员普遍关心的问题，为相关专业人员答疑解惑。本书适用于发电行业碳业务工作人员查询学习、培训交流，也可供相关专业的科研院所、院校师生阅读学习使用。

图书在版编目（CIP）数据

发电企业碳排放管理工作手册/《发电企业碳排放管理工作手册》编写组编. -- 北京：中国电力出版社，2024.12

ISBN 978-7-5198-8461-1

Ⅰ. ①发… Ⅱ. ①发… Ⅲ. ①发电厂－二氧化碳－废气排放量－污染控制管理－手册 Ⅳ. ①TM621-62②X510.6-62

中国国家版本馆 CIP 数据核字（2023）第 243680 号

出版发行：中国电力出版社
地　　址：北京市东城区北京站西街 19 号（邮政编码 100005）
网　　址：http://www.cepp.sgcc.com.cn
责任编辑：孙　芳（010-63412381）
责任校对：黄　蓓　王海南
装帧设计：赵姗姗
责任印制：吴　迪

印　　刷：三河市万龙印装有限公司
版　　次：2024 年 12 月第一版
印　　次：2024 年 12 月北京第一次印刷
开　　本：710 毫米×1000 毫米　16 开本
印　　张：12.25
字　　数：199 千字
印　　数：0001—1000 册
定　　价：75.00 元

编　委　会

主　　任　明旭东

副主任　周大山　韩曙东

委　　员　于海霞　罗　茜　杨　卓

编　写　组

主　　编　于海霞　王　放

副主编　杨　卓　罗　茜　刘兆鑫

编写人员　于正伟　周继卫　李嘉雯

庄为杰　李　超　范声浓

李选成　王　帅　张嘉怡

郑韶爵　张逸琳　王元甄

前　言 Preface

近年来，温室效应带来的全球气候变暖问题日益突出。为缓解温室效应产生的环境问题，1992年《联合国气候变化框架公约》提出以市场化机制来实现碳资产优化配置方案；2005年《京都议定书》正式确定碳排放权市场交易机制；2015年《巴黎协定》承诺将全球气温升高幅度控制在2℃以内。2020年9月，习近平总书记在第75届联合国大会上正式提出我国"二氧化碳排放力争于2030年前达到峰值，努力争取2060年前实现碳中和"的目标。

为积极稳妥推进"双碳"工作，实现经济社会发展全面绿色转型，2021年10月24日中共中央、国务院印发《关于完整准确全面贯彻新发展理念做好碳达峰碳中和工作的意见》，同月26日国务院发布了《2030年前碳达峰行动方案》，各省区市、重点行业相继制定了碳达峰实施方案，碳达峰碳中和"1+*N*"政策体系构建完成。

2021年7月，全国碳排放权交易市场上线交易启动，初期仅纳入发电行业重点排放单位。生态环境主管部门按照《关于做好全国碳排放权交易市场第一个履约周期碳排放配额清缴工作的通知》《2019—2020年全国碳排放权交易配额总量设定与分配实施方案（发电行业）》《关于全国碳排放权交易市场2021、2022年度碳排放配额清缴相关工作的通知》《2021、2022年度全国碳排放权交易配额总量设定与分配实施方案（发电行业）》等文件要求，已分别于2021、2023年对重点排放单位进行了两次碳排放配额清缴工作。

作为碳排放权交易市场的有益补充，自愿减排交易市场和全国碳排放权交易市场组成完整的全国碳市场体系。2023年10月19日，生态环境部发布《温室气体自愿减排交易管理办法（试行）》。2024年1月22日，全国统一CCER市场在北京正式启动。

在发电行业中，绿电、绿证代表了可再生能源环境价值。2023年7月25日，国家发展改革委、财政部、国家能源局联合印发《关于做好可再生能源绿色电力证书全覆盖工作　促进可再生能源电力消费的通知》（发改能源〔2023〕1044号），

实现绿证核发全覆盖。2021 年 9 月，国家发展改革委、国家能源局正式复函国家电网公司、南方电网公司，推动开展绿色电力交易试点工作。2014 年 1 月，蒙西电网成为国家批复同意的第三个绿电交易试点，至此，蒙西电网补齐了绿电市场的最后一块“拼图”。

为迅速提高发电行业专业技术人员对碳市场的认识和实践水平，解答一线工作人员在工作中遇到的问题，本书邀请权威专家和一线碳市场工作人员从实践角度对行业政策制度解读，经过多次集体讨论修改推敲，精心编辑，整理出大量表格、流程图，便于读者快速掌握发电行业碳业务相关工作。

本书分为两部分，第一部分为火电篇，详细介绍燃煤发电行业碳排放量计算及碳配额分配、碳排放报告填报及核查、企业履约操作过程中的关键和疑难问题。第二部分为新能源篇，梳理自愿减排交易市场与绿电、绿证交易市场基本概念及发展由来，详细介绍双碳背景下新能源企业如何开展自愿减排项目开发交易、绿证开发交易、绿电交易工作。为方便读者查找工作所需相关规定，编者将目前碳市场最新行业政策汇编于本书末尾，以二维码的形式呈现。

本书中各章案例均为编者团队在各试点碳市场建设和运行过程中积累的实战经验，希望为读者在学习和工作中提供参考。编写过程中编者团队参考和借鉴了大量国内外碳市场的研究实践成果和著述，特此感谢！由于时间仓促和编写人员水平有限，疏漏之处在所难免，恳请读者批评指正。

编　者

2024 年 5 月

名 词 解 释

◆ 30 · 60 目标

2020 年 12 月 12 日，在联合国气候雄心峰会上，中国承诺将力争在 2030 年前实现碳达峰，努力争取 2060 年前实现碳中和的目标，称为“30 • 60”目标。

◆ 碳达峰

指二氧化碳排放总量的增长在某一个时点达到历史最高值，之后逐步回落。

◆ 碳中和

指二氧化碳或温室气体净排放为零。即通过碳汇、碳捕集、利用与封存等方式抵消全部的二氧化碳或温室气体排放量，实现正负抵消，达到相对“零排放”。

◆ 碳排放

指煤炭、石油、天然气等化石能源燃烧活动和工业生产过程以及土地利用变化与林业等活动产生的温室气体排放，也包括因使用外购的电力和热力等所导致的温室气体排放。

◆ 温室气体

指大气中吸收和重新放出红外辐射的自然和人为的气态成分，包括二氧化碳（CO_2）、甲烷（CH_4）、氧化亚氮（N_2O）、氢氟碳化合物（HFCs）、全氟碳化合物（PFCs）、六氟化硫（SF_6）和三氟化氮（NF_3）。

◆ 二氧化碳当量

指一种用作比较不同温室气体排放的量度单位，可以把不同温室气体的效应标准化，规定以二氧化碳当量为度量温室效应的基本单位。

◆ **碳排放权**

指分配给重点排放单位的规定时期内的碳排放额度。

◆ **碳排放配额**

指政府分配给控排企业指定时期内的碳排放额度，是碳排放权的凭证和载体，1 单位配额相当于 1t 二氧化碳当量。

◆ **碳信用**

指在经过联合国或联合国认可的减排组织认证的条件下，国家或企业以增加能源使用效率、减少污染或减少开发等方式减少碳排放，得到可以进入碳交易市场的碳排放计量单位。

◆ **国家核证自愿减排量**

简称“CCER”，指对我国境内可再生能源、林业碳汇、甲烷利用等项目的温室气体减排效果进行量化核证，并在国家温室气体自愿减排交易注册登记系统中登记的温室气体减排量。

◆ **碳排放强度**

指单位 GDP 增长所带来的二氧化碳排放量。

◆ **碳价格**

指界定碳排放的社会成本。将碳排放的外部性通过价格内在化，使得原来隐性的社会成本转为显性的生产成本，进而促使生产主体降低排放动机。

◆ **碳排放权交易**

指将碳排放权作为一种商品，以每吨二氧化碳当量为计算单位，买方通过向卖方支付一定金额从而获得一定数量的碳排放权，从而形成碳排放权的交易。

◆ **碳税**

指政府通过对燃煤和石油等化石燃料产品按其碳含量的比例征税，从而把二氧化碳排放带来的环境成本转化为生产经营成本，以达到降低二氧化碳排放量的目的。

◆ 碳汇

指通过植树造林、植被恢复等措施，吸收大气中的二氧化碳，从而减少温室气体在大气中浓度的过程、活动或机制。

◆ 碳排放权交易市场

简称为碳交易市场，是指以碳排放配额或碳信用为标的物所进行的交易的市场。

◆ 碳资产

指任何能在碳交易市场中转化为价值或利益的有形或无形财产，可笼统地将碳资产归为碳排放配额、自愿碳减排量以及其他具有商品属性衍生品。

◆ 绿色电力产品

简称“绿电”，指符合国家有关政策要求的风电、光伏等可再生能源发电企业上网电量。市场初期，主要指风电和光伏发电企业上网电量，根据国家有关要求可逐步扩大至符合条件的其他电源上网电量。

◆ 绿色电力交易

简称“绿电交易”，指以绿色电力产品为标的物的电力中长期交易，用以满足发电企业、售电公司、电力用户等市场主体出售、购买绿色电力产品的需求，并为购买绿色电力产品的电力用户提供绿色电力证书。

◆ 绿色电力证书

简称“绿证”，指国家对符合条件的可再生能源发电企业每兆瓦时上网电量颁发的具有唯一代码标识的电子凭证，作为绿色环境权益的唯一凭证。

目录

第一篇
火电篇

第一章

碳排放及碳配额

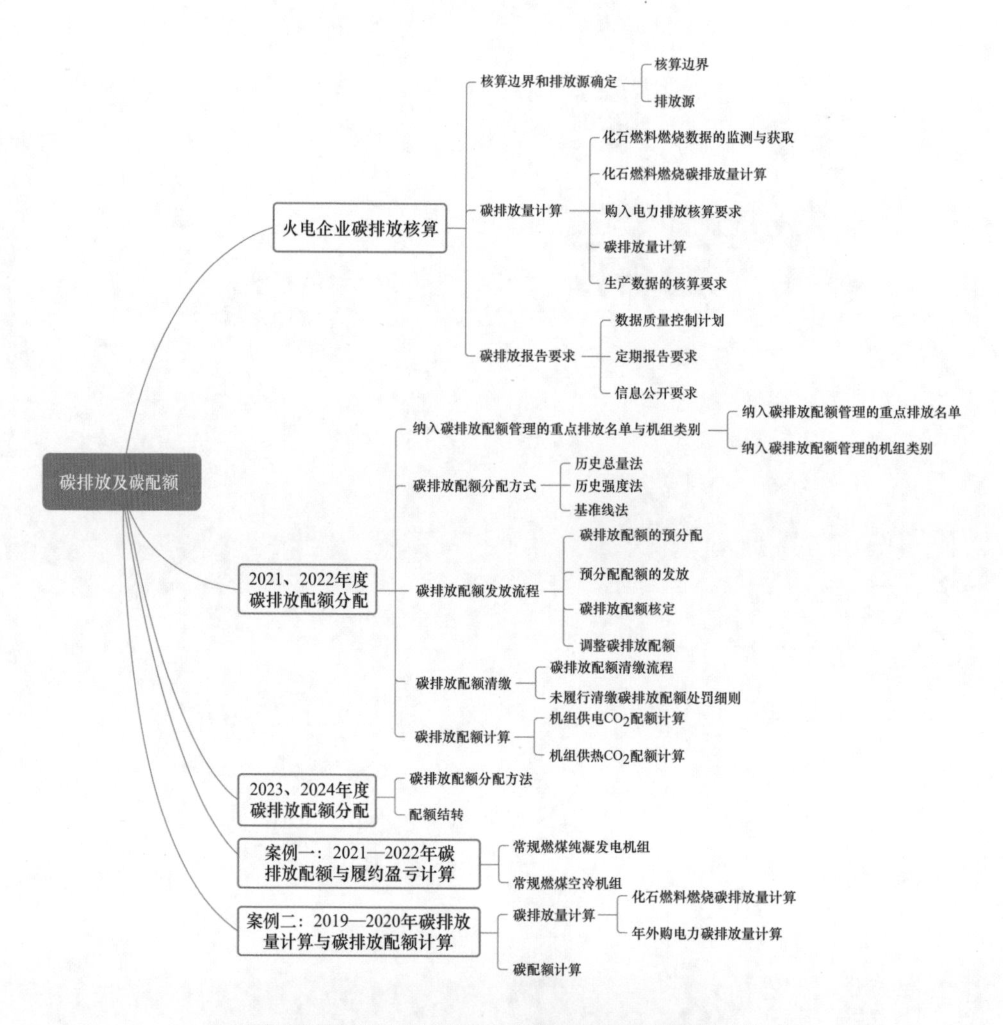

第一节　火电企业碳排放核算

本节内容以《企业温室气体排放核算方法与报告指南　发电设施》（以下

简称《指南》）为依据编写，对火电企业碳排放核算的重点流程进行提炼总结，主要以公式、表格、流程图的形式来讲解如何进行碳排放核算。碳排放核算的工作内容包括确定核算边界和排放源、化石燃料燃烧排放核算要求、购入电力排放核算要求、生产数据核算要求、数据质量控制计划、定期报告要求、信息公开要求等。具体工作程序如图 1-1 所示。

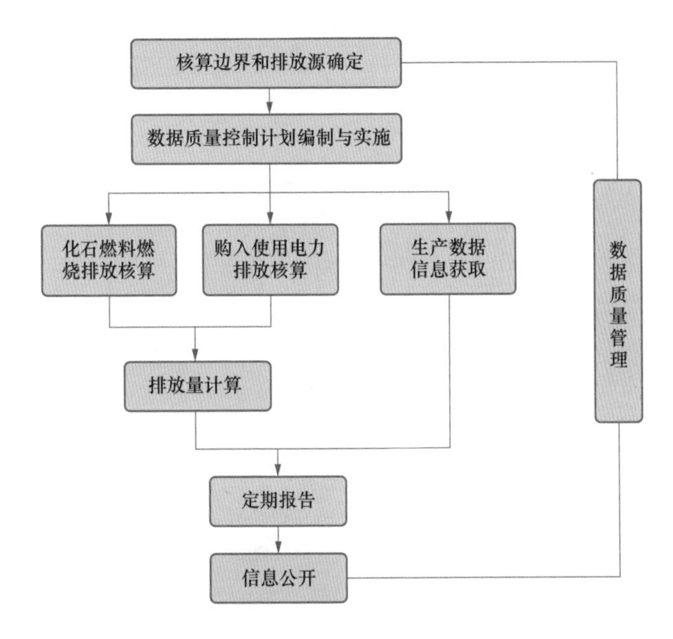

图 1-1　碳排放核算工作程序

一、核算边界和排放源确定

（一）核算边界

核算边界为发电设施，主要包括燃烧系统、汽水系统、电气系统、控制系统和除尘及脱硫脱硝等装置，厂区内其他辅助生产系统以及附属生产系统不包括在内。发电设施核算边界如图 1-2 中虚线框内所示。

（二）排放源

发电设施温室气体排放核算和报告范围包括化石燃料燃烧产生的二氧化碳排放、购入使用电力产生的二氧化碳排放。具体范围如图 1-3 所示。

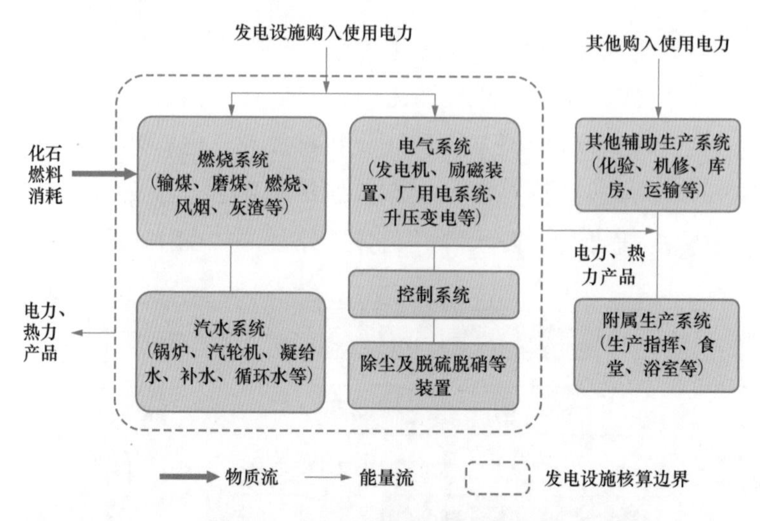

图 1-2　发电设施核算边界示意图

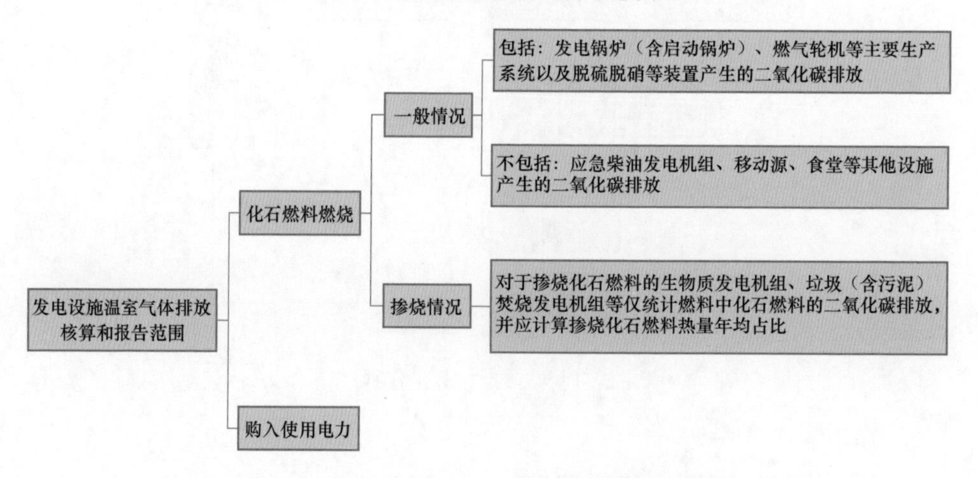

图 1-3　发电设施温室气体排放核算和报告范围

二、碳排放量计算

（一）化石燃料燃烧数据的监测与获取

1. 化石燃料消耗量的测定标准与优先序

（1）测定标准。化石燃料消耗量应根据重点排放单位用于生产所消耗的能源实际测量值来确定，能源消耗统计应符合《常规燃煤发电机组单位产品能源消耗限额》（GB 21258—2017）和《火力发电厂技术经济指标计算方法》（DL/T 904—2015）的有关要求。

燃煤消耗量测定方式如图 1-4 所示，应优先采用经校验合格后的皮带秤或耐压式计量给煤机的入炉煤测量数值，其中皮带秤校验要求皮带秤实煤或循环链码校验每旬（每十天）一次，无实煤校验装置的应利用其他已检定合格的衡器至少每季度对皮带秤进行实煤计量比对。不具备入炉煤测量条件的，根据每日或每批次入厂煤盘存测量数值统计消耗量，并报告说明未采用入炉煤测量值的原因。

燃油、燃气消耗量应至少每月测量。

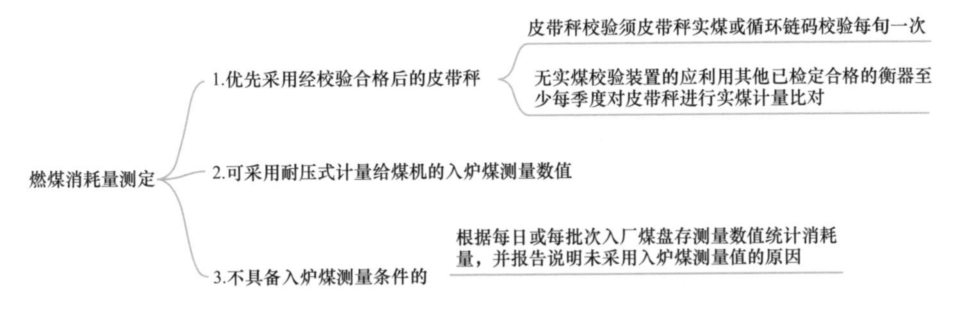

图 1-4　燃煤消耗量测定方式

（2）测定优先序。化石燃料消耗量应该优先使用生产系统记录的计量数据，若由于某些原因无此数据，则使用购销存台账中的消耗量数据，若以两个数据都无法获取，则使用供应商结算凭证的购入量数据。其中燃煤消耗量数据计量方式优先级别如图 1-5 所示。

图 1-5　燃煤消耗量数据计量方式优先级别

（3）参考标准。测量仪器的标准应符合《用能单位能源计量器具配备和管理通则》（GB 17167—2006）的相关规定，轨道衡、皮带秤、汽车衡等计量器具的准确度等级应符合《火力发电企业能源计量器具配备和管理要求》（GB/T 21369—2008）的相关规定，并确保在有效的检验周期内。

2. 元素碳含量的测定标准与频次

（1）燃煤元素碳含量等相关参数的测定采用表 1-1 中所列的方法标准，重点排放单位可自行监测或委托外部有资质的检测机构、实验室进行检测。

表 1-1　　　　燃煤相关项目/参数的检测方法标准

序号	项目参数		标准名称	标准编号
1	采样	人工采样	商品煤样人工采取方法	GB/T 475
		机械采样	煤炭机械化采样　第 1 部分：采样方法	GB/T 19494.1
2	制样	人工制样	煤样的制备方法	GB/T 474
		机械制样	煤炭机械化采样　第 2 部分：煤样的制备	GB/T 19494.2
3	化验	全水分	煤中全水分的测定方法	GB/T 211
			煤中全水分测定　自动仪器法	DL/T 2029
		水分、灰分、挥发分	煤的工业分析方法	GB/T 212
			煤的工业分析方法　仪器法	GB/T 30732
			煤的工业分析　自动仪器法	DL/T 1030
		发热量[a]	煤的发热量测定方法	GB/T 213
		全硫	煤中全硫的测定方法	GB/T 214
			煤中全硫测定　红外光谱法	GB/T 25214
		碳	煤中碳和氢的测定方法	GB/T 476
			煤中碳氢氮的测定　仪器法	GB/T 30733
			燃料元素的快速分析方法	DL/T 568
			煤的元素分析	GB/T 31391
4	基准换算	/	煤炭分析试验方法的一般规定	GB/T 483
		/	煤炭分析结果基的换算	GB/T 35985

[a] 应优先采用恒容低位发热量，并在各统计期保持一致。

（2）燃煤元素碳含量采用每日检测、每批次检测或者每月缩分样检测方式之一，并确保采样、制样、化验和换算符合表 1-1 所列的方法标准。

（3）燃煤元素碳含量应于每次样品采集之后 40 个自然日内完成该样品检测，检测报告应同时包括样品的元素碳含量、低位发热量、氢含量、全硫、水分等参数的检测结果。检测报告应由通过 CMA 认定或 CNAS 认可、且检测能力包括上述参数的检测机构/实验室出具，并盖有 CMA 资质认定标志或 CNAS 认可标识章。其中的低位发热量仅用于数据可靠性的对比分析和验证。

（4）报告值为干燥基或空气干燥基分析结果，应转换为收到基元素碳含量。重点排放单位应保存不同基转换涉及水分等数据的原始记录。

（5）燃油、燃气的元素碳含量至少每月检测，可自行检测、委托检测或由供应商提供。对于天然气等气体燃料，元素碳含量的测定应遵循 GB/T 13610 和 GB/T 8984 等相关标准，根据每种气体组分的体积浓度及该组分化学分子式中碳原子的数目计算元素碳含量。某月有多于一次实测数据时，取算术平均值为该月数值。

3. 低位发热量的测定标准与频次

（1）燃煤低位发热量的测定采用表 1-1 中所列的方法标准。重点排放单位可自行检测或委托外部有资质的检测机构、实验室进行检测，送检煤样检测出的低位发热量称为收到基低位发热量。

（2）燃煤收到基低位发热量的测定应与燃煤消耗量数据获取状态（入炉煤或入厂煤）一致。如图 1-6 所示，应优先采用每日入炉煤检测数值，不具备入炉煤检测条件的，可采用每日或每批次入厂煤检测数值。

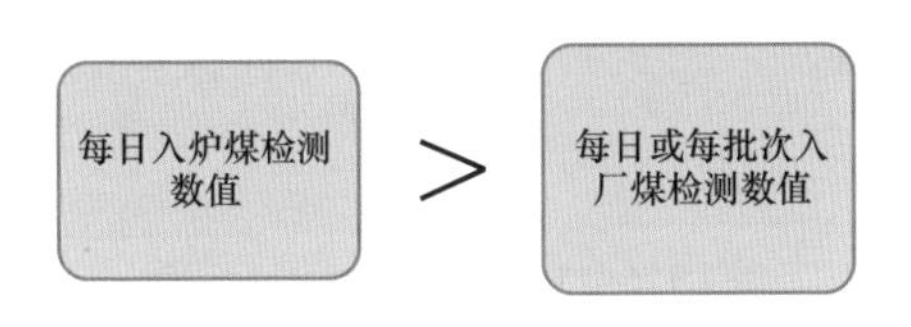

图 1-6　燃煤收到基低位发热量的测定方式优先级别

（3）收到基低位发热量计算。燃煤相关项目收到基低位发热量计算方法包括四种，见表 1-2。

表 1-2　　燃煤相关项目收到基低位发热量计算方法

序号	参数名称	计算方法
1	燃煤的年度平均收到基低位发热量	由月度平均收到基低位发热量加权平均计算得到，其权重是燃煤月消耗量
2	入炉煤月度平均收到基低位发热量	由每日/班所耗燃煤的收到基低位发热量加权平均计算得到，其权重是每日/班入炉煤消耗量
3	入厂煤月度平均收到基低位发热量	由每批次平均收到基低位发热量加权平均计算得到，其权重是该月每批次入厂煤接收量
4	测定方法均不符合表 1-1 要求时	该日或该批次的燃煤收到基低位发热量应取 26.7GJ/t

（4）燃油、燃气的低位发热量应至少每月检测，可自行检测或委托外部有资质的检测机构、实验室进行检测，分别遵循《火力发电厂燃料试验方法　第

8 部分：燃油发热量的测定》（DL/T 567.8—2016）和《天然气 发热量、密度、相对密度和沃泊指数的计算方法》（GB/T 11062—2020）等相关标准。燃油、燃气的年度平均低位发热量由每月平均低位发热量加权平均计算得到，其权重为每月燃油、燃气消耗量。无实测时采用供应商提供的检测报告中的数据，或采用表 1-3 的各燃料品种对应的缺省值。

4．单位热值含碳量的取值

（1）燃煤未开展元素碳实测或实测不符合元素碳含量的测定标准与频次要求的，根据《企业温室气体排放核算方法与报告指南 发电设施》相关要求，单位热值含碳量取 0.03085tC/GJ（不含非常规燃煤机组），非常规燃煤机组取 0.02858tC/GJ，但每年企业温室气体排放核算方法与报告指南重新修订时，该值可能会有变化。

（2）燃油、燃气的单位热值含碳量应至少每月检测，可委托外部有资质的检测机构/实验室进行检测。无实测时采用供应商提供的检测报告中的数据，或采用表 1-3 规定的各燃料品种对应的缺省值。

表 1-3 常用化石燃料相关参数缺省值

能源名称	计量单位	低位发热量[e]（GJ/t，GJ/10^4Nm^3）	单位热值含碳量（tC/GJ）	碳氧化率（%）
原油	t	41.816[a]	0.02008[b]	98[b]
燃料油	t	41.816[a]	0.0211[b]	
汽油	t	43.070[a]	0.0189[b]	
煤油	t	43.070[a]	0.0196[b]	
柴油	t	42.652[a]	0.0202[b]	
其他石油制品	t	41.031[d]	0.0200[c]	
液化石油气	t	50.179[a]	0.0172[c]	
液化天然气	t	51.498[e]	0.0172[c]	
炼厂干气	t	45.998[a]	0.0182[b]	
天然气	10^4Nm^3	389.31[a]	0.01532[b]	99[b]
焦炉煤气	10^4Nm^3	173.54[d]	0.0121[c]	
高炉煤气	10^4Nm^3	33.00[d]	0.0708[c]	
转炉煤气	10^4Nm^3	84.00[d]	0.0496[c]	

续表

能源名称	计量单位	低位发热量[e]（GJ/t，GJ/10^4Nm^3）	单位热值含碳量（tC/GJ）	碳氧化率（%）
其他煤气	10^4Nm^3	52.27[d]	0.0122[c]	

[a] 数据取值来源为《中国能源统计年鉴 2019》。

[b] 数据取值来源为《省级温室气体清单编制指南（试行）》。

[c] 数据取值来源为《2006 年 IPCC 国家温室气体清单指南》。

[d] 数据取值来源为《中国温室气体清单研究》。

[e] 根据国际蒸汽表卡换算。本指南热功当量值取 4.1868kJ/kcal。

5. 碳氧化率的取值

（1）燃煤的碳氧化率取 99%。

（2）燃油和燃气的碳氧化率采用表 1-3 中各燃料品种对应的缺省值。

（二）化石燃料燃烧碳排放量计算

（1）化石燃料燃烧排放量是统计期内发电设施各种化石燃料燃烧产生的二氧化碳排放量的加和。对于开展元素碳实测的，采用式（1-1）计算。

$$E_{燃烧}=\sum_{i=1}^{n}\left(FC_i\times C_{ar,i}\times OF_i\times\frac{44}{12}\right) \tag{1-1}$$

式中　$E_{燃烧}$——化石燃料燃烧的排放量，tCO_2；

FC_i——第 i 种化石燃料的消耗量，t（固体或液体燃料）、10^4Nm^3（气体燃料）；

$C_{ar,i}$——第 i 种化石燃料的收到基元素碳含量，tC/t（固体或液体燃料）、$tC/10^4Nm^3$（气体燃料）；

OF_i——第 i 种化石燃料的碳氧化率，%；

44/12——二氧化碳与碳的相对分子质量比；

i——化石燃料种类代号。

（2）对于开展燃煤元素碳实测的，则式（1-1）中收到基元素碳含量 C_{ar} 采用式（1-2）换算。

$$C_{ar}=C_{ad}\times\frac{100-M_{ar}}{100-M_{ad}}\text{或}C_{ar}=C_d\times\frac{100-M_{ar}}{100} \tag{1-2}$$

式中　C_{ar}——收到基元素碳含量，tC/t；

C_{ad}——空干基元素碳含量，tC/t；

C_d——干燥基元素碳含量，tC/t；

M_{ar}——收到基水分，可采用企业每日测量值的月度加权平均值，%；

M_{ad} ——空干基水分，可采用企业每日测量值的月度加权平均值，%。

（3）对于未展开元素碳实测的或实测不符合指南要求的，其收到基元素碳含量 C_{ar} 采用式（1-3）计算。

$$C_{ar,i} = NCV_{ar,i} \times CC_i \tag{1-3}$$

式中 $C_{ar,i}$ ——第 i 种化石燃料的收到基元素碳含量，tC/t（固体和液体燃料）、$tC/10^4m^3$（气体燃料）；

$NCV_{ar,i}$ ——第 i 种化石燃料的收到基低位发热量，GJ/t（固体和液体燃料）、$GJ/10^4Nm^3$（气体燃料）；

CC_i ——第 i 种化石燃料的单位热值含碳量，tC/GJ。

对于未展开元素碳实测的或实测不符合指南要求的，式（1-3）中的化石燃料的收到基低位发热量和单位热值含碳量按表 1-3 的缺省值计算。

（三）购入电力排放核算要求

1. 外购电力碳排放计算

对于购入使用电力产生的二氧化碳排放，用购入使用电量乘以电网排放因子得出，采用式（1-4）计算。

$$E_{电} = AD_{电} \times EF_{电} \tag{1-4}$$

式中 $E_{电}$ ——购入使用电力产生的排放量，tCO_2；

$AD_{电}$ ——购入使用电量，MWh；

$EF_{电}$ ——电网排放因子，tCO_2/MWh。

2. 数据的监测与获取优先序

（1）购入使用电力的活动数据优先使用电表记录的读数统计，若由于某些原因无此数据，则使用供应商提供的电费结算凭证上的数据。

（2）电网排放因子采用 $0.5703tCO_2/MWh$，并根据国家相关部门发布的最新数值适时更新。

（四）碳排放量计算

发电设施二氧化碳年排放量等于化石燃料燃烧排放量和购入使用电力产生的排放量之和，见式（1-5）。

$$E = E_{燃烧} + E_{电} \tag{1-5}$$

式中 E ——发电设施二氧化碳排放量，tCO_2；

$E_{燃烧}$ ——化石燃料燃烧排放量，tCO_2；

$E_{电}$ ——购入使用电力生产的排放量，tCO_2。

（五）生产数据的核算要求

1. 发电量与供电量

（1）计算公式。

发电量是指统计期内从发电机端输出的总电量，采用计量数据。供电量是指统计期内发电设施的发电量减去与生产有关的辅助设备的消耗电量，按以下计算方法获取：

1）对于纯凝发电机组，供电量为发电量与生产厂用电量之差，采用式（1-6）计算。

$$W_{gd} = W_{fd} - W_{cy} \tag{1-6}$$

式中　W_{gd} ——供电量，MWh；

W_{fd} ——发电量，MWh；

W_{cy} ——生产厂用电量，MWh。

2）对于热电联产机组，供电量为发电量与发电厂用电量之差，采用式（1-7）和式（1-8）计算。

$$W_{gd} = W_{fd} - W_{dcy} \tag{1-7}$$

$$W_{dcy} = (W_{cy} - W_{rcy}) \times (1 - a) \tag{1-8}$$

式中　W_{rcy} ——供热专用的厂用电量，MWh，当无供热专用厂用电量计量时，该值可取 0；

W_{dcy} ——发电厂用电量，MWh；

a ——供热比，以%表示。

（2）计算所需数据的监测与获取。

发电量、供电量和厂用电量应根据企业电表记录的读数获取或计算，并符合《火力发电厂技术经济指标计算方法》（DL/T 904—2015）和《名词术语　电力节能》（DL/T 1365—2014）等标准中的要求。

发电设施的发电量和供电量不包括应急柴油发电机的发电量。如果存在应急柴油发电机所发的电量供给发电机组消耗的情形，那么应急柴油发电机所发电量应计入厂用电量，在计算供电量时予以扣除。

除尘及脱硫脱硝装置消耗电量均应计入厂用电量，不区分委托运营或合同能源管理等形式的差异。

属于下列情况之一的，不作为厂用电扣除：

1）新设备或大修后设备的烘炉、暖机、空载运行的电量；

2）新设备在未正式移交生产前的带负荷试运行期间耗用的电量；

3）计划大修以及基建、更改工程施工用的电量；

4）发电机作调相机运行时耗用的电量；

5）厂外运输用自备机车、船舶等耗用的电量；

6）输配电用的升、降压变压器（不包括厂用变压器）、变波机、调相机等消耗的电量；

7）非生产用（修配车间、副业、综合利用等）的电量。

2. 供热量

供热量为锅炉不经汽轮机直供蒸汽热量、汽轮机直接供热量与汽轮机间接供热量之和，采用式（1-9）和式（1-10）计算。其中 Q_{zg} 和 Q_{jg} 计算方法参考《火力发电厂技术经济指标计算方法》（DL/T 904—2015）中相关要求。

$$Q_{gr} = \Sigma Q_{gl} + \Sigma Q_{jz} \tag{1-9}$$

$$\Sigma Q_{jz} = \Sigma Q_{zg} + \Sigma Q_{jg} \tag{1-10}$$

式中 Q_{gr}——供热量，GJ；

ΣQ_{gl}——锅炉不经汽轮机直接向用户提供热量的直供蒸汽热量之和，GJ；

ΣQ_{jz}——汽轮机向外供出的直接供热量和间接供热量之和，GJ；

ΣQ_{zg}——由汽轮机直接或经减温、减压后向用户提供的直接供热量之和，GJ；

ΣQ_{jg}——通过热网加热器等设备加热供热介质后间接向用户提供热量的间接供热量之和，GJ。

（1）计算所需数据的监测与获取。

对外供热是指向除发电设施汽水系统（除氧器、低压加热器、高压加热器等）之外的热用户供出的热量。

如果企业供热存在回水，计算供热量时应扣减回水热量，回水热量按照式（1-12）计算。

1）蒸汽及热水温度、压力数据按以下优先序获取：

a）计量或控制系统的实际监测数据，宜采用月度算数平均值，或运行参数范围内经验值；

b）相关技术文件或运行规程规定的额定值。

2）供热量数据应每月进行计量并记录年度值为每月数据累计之和，按以下优先序获取：

a）直接计量的热量数据；

b）结算凭证上的数据。

（2）热量的单位换算。

以质量单位计量的蒸汽可采用式（1-11）转换为热量单位。

$$AD_{st} = M_{ast} \times (E_{nst} - 83.74) \times 10^{-3} \tag{1-11}$$

式中　AD_{st}——蒸汽的热量，GJ；

M_{ast}——蒸汽的质量，t；

E_{nst}——蒸汽所对应的温度、压力下每千克蒸汽的焓值，kJ/kg，焓值取值参考相关行业标准；

83.74——给水温度为20℃时的焓值，取值参考相关行业标准，kJ/kg。

以质量单位计量的热水可采用式（1-12）转换为热量单位。

$$AD_{w} = Ma_{w} \times (T_{w} - 20) \times 4.1868 \times 10^{-3} \tag{1-12}$$

式中　AD_{w}——热水的热量，GJ；

Ma_{w}——热水的质量，t；

T_{w}——热水的温度，℃；

20——常温下水的温度，℃；

4.1868——水在常温常压下的比热，kJ/（kg•℃）。

3. 供热比

重点排放单位应按照如下方法计算月度和年度供热比数据。供热比年度结果根据每月累计得到的全年供热量、产热量或耗煤量等进行计算。供热比月度结果用于数据可靠性的对比分析和验证。

（1）计算公式。

1）当存在锅炉向外直供蒸汽的情况时，供热比为统计期内供热量与锅炉总产出的热量之比。

$$a = \frac{\Sigma Q_{gr}}{\Sigma Q_{cr}} \tag{1-13}$$

式中　a——供热比，%；

ΣQ_{gr}——供热量，GJ；

ΣQ_{cr}——锅炉总产热量，GJ；

其中，

$$\Sigma Q_{cr} = (D_{zq} \times h_{zq} - D_{gs} \times h_{gs} + D_{zr} \times \Delta h_{zr}) \times 10^{-3} \tag{1-14}$$

式中 ΣQ_{cr} ——锅炉总产热量，GJ；

D_{zq} ——锅炉主蒸汽量，t；

h_{zq} ——锅炉主蒸汽焓值，k/kg；

D_{gs} ——锅炉给水量，t，没有计量的可按给水比主蒸汽为 1:1 计算；

h_{gs} ——锅炉给水焓值，kJ/kg；

D_{zr} ——再热器出口蒸汽量，t，非再热机组或数据不可得时取 0；

Δh_{zr} ——再热蒸汽热段与冷段焓值差值，kJ/kg。

2）当锅炉无向外直供蒸汽时，参考《火力发电厂技术经济指标计算方法》（DL/T 904—2015）计算方法中的要求计算供热比，即指统计期内汽轮机向外供出的热量与汽轮机总耗热量之比，可采用式（1-15）计算：

$$a = \frac{\Sigma Q_{jz}}{\Sigma Q_{sr}} \tag{1-15}$$

式中 a ——供热比，%；

ΣQ_{jz} ——汽轮机向外供出的热量，为机组直接供热量和间接供热量之和，GJ，机组直接供热量和间接供热量的计算参考 DL/T 904—2015 中相关要求；

ΣQ_{sr} ——汽轮机总耗热量，GJ。

3）当按照上述计算方法中锅炉产热量、汽轮机组耗热量等相关数据无法获得时，供热比可采用式（1-16）计算。

$$a = \frac{b_r \times Q_{gr}}{B_h} \tag{1-16}$$

式中 a ——供热比，%；

b_r ——机组单位供热量所消耗的标准煤量，tce/gJ；

Q_{gr} ——供热量，GJ；

B_h ——机组耗用总标准煤量，tce。

4）对于燃气蒸汽联合循环发电机组（CCPP）存在外供热量的情况，供热比可采用供热量与燃气产生的热量之比的简化方式，采用式（1-17）和式（1-18）进行计算。

$$a=\frac{Q_{gr}}{Q_{rq}} \tag{1-17}$$

$$Q_{rq}=FC_{rq}\times NCV_{rq} \tag{1-18}$$

式中　Q_{rq} ——燃气产生的热量，GJ；

FC_{rq} ——燃气消耗量，10^4Nm^3；

NCV_{rq} ——燃气低位发热量，$GJ/10^4Nm^3$。

（2）数据的监测与获取。

锅炉产热量、汽轮机组耗热量和供热量等相关参数的监测与获取参考 DL/T 904—2015 和 GB 35574 的要求。

相关参数按以下优先序获取：

1）生产系统记录的实际运行数据；

2）结算凭证上的数据；

3）相关技术文件或铭牌规定的额定值。

4．供电煤（气）耗、供热煤（气）耗

（1）计算公式。

供电煤（气）耗和供热煤（气）耗参考相关标准计算方法中的要求计算，采用式（1-19）和式（1-20）计算。

$$b_g=\frac{(1-a)\times B_h}{W_{gd}} \tag{1-19}$$

$$b_r=\frac{a\times B_h}{Q_{gr}} \tag{1-20}$$

式中　b_g ——机组单位供电量所消耗的标准煤（气）量，tce/MWh 或 $10^4Nm^3/MWh$；

B_h ——机组耗用总标准煤（气）量，tce 或 10^4Nm^3；

W_{gd} ——供电量，MWh；

b_r ——机组单位供热量所消耗的标准煤（气）量，tce/GJ 或 $10^4Nm^3/GJ$。

当上述相关数据不可得时，可采用反算法简化计算获取供热煤（气）耗，即把 1GJ 供热量折算成标准煤 0.03412tce，再除以管道效率和锅炉效率计算得出供热煤（气）耗，采用式（1-21）计算。

$$b_r=\frac{0.03412}{\eta_{gl}\times\eta_{gd}\times\eta_{hh}} \tag{1-21}$$

式中 b_r——机组单位供热量所消耗的标准煤（气）量，tce/GJ 或 $10^4Nm^3/GJ$；

η_{gl}——锅炉效率，来源于企业锅炉效率测试试验数据，没有实测数据时采用设计值，%；

η_{gd}——管道效率，取缺省值 99%，%。

（2）数据的监测与获取。

相关参数按以下优先序获取：

1）企业生产系统的实测数据；

2）相关设备设施的设计值；

3）采用式（1-19）和式（1-20）的计算方法，此时供热比不能采用式（1-16）获得。

5. 供电碳排放强度、供热碳排放强度

供电碳排放强度和供热碳排放强度可采用式（1-22）至式（1-25）计算。

$$S_{gd}=\frac{E_{gd}}{W_{gd}} \tag{1-22}$$

$$S_{gr}=\frac{E_{gr}}{Q_{gr}} \tag{1-23}$$

$$E_{gd}=(1-a)\times E \tag{1-24}$$

$$E_{gr}=a\times E \tag{1-25}$$

式中 S_{gd}——供电碳排放强度，即机组每供出 1MWh 的电量所产生的二氧化碳排放量，tCO_2/MWh；

E_{gd}——统计期内机组供电所产生的二氧化碳排放量，tCO_2；

W_{gd}——供电量，MWh；

S_{gr}——供热碳排放强度，即机组每供出 1GJ 的热量所产生的二氧化碳排放量，tCO_2/GJ；

E_{gr}——统计期内机组供热所产生的二氧化碳排放量，tCO_2；

E——二氧化碳排放量，tCO_2。

6. 运行小时数、负荷（出力）系数

（1）计算公式。

运行小时数和负荷（出力）系数采用生产数据，合并填报时采用式（1-26）和式（1-27）计算。

$$X = \frac{\sum_i^n W_{\mathrm{fd}i}}{\sum_i^n (P_{\mathrm{e}i} \times t_i)} \tag{1-26}$$

$$t = \frac{\sum_i^n (t_i \times P_{\mathrm{e}i})}{\sum_i^n P_{\mathrm{e}i}} \tag{1-27}$$

式中　t——运行小时数，h；

X——负荷（出力）系数，%；

$P_{\mathrm{e}i}$——i机组的额定容量，MW；

i——机组代号；

$W_{\mathrm{fd}i}$——i机组的发电量，MWh。

（2）数据的监测与获取。

运行小时数和负荷（出力）系数按以下优先序获取：

1）企业生产系统数据；

2）企业统计报表数据。

多台机组合并填报，按式（1-26）和式（1-27）核算发电机组负荷（出力）系数时，不应将备用机组参与加权平均计算，即将备用机组和被调剂机组的运行小时数加和，作为一台机组计算。

三、碳排放报告要求

（一）数据质量控制计划

数据质量控制计划要求见表1-4。

表1-4　　数据质量控制计划要求

一、数据质量控制计划的版本及修订			
版本号	制定（修订）时间	首次制定或修订原因	修订说明
二、重点排放单位情况			
1．单位简介 （至少包括：成立时间、所有权状况、法定代表人、组织机构图和厂区平面分布图） 2．主营产品及生产工艺 （包括主营产品的名称及产品代码，发电与供热工艺流程图及工艺流程描述，直接供热或间接供热			

续表

方式，标明发电量、供热量和上网电量计量表安装位置等）

3．排放设施信息

（列明核算边界内的机组，包括在用、停用和未纳入碳排放核算边界内所有锅炉、汽轮机、燃气轮机、发电机等排放设施的名称、编号、位置等）

三、核算边界和主要排放设施描述

1．核算边界的描述

（包括核算边界所包含的装置、所对应的地理边界、组织单元和生产过程等）

2．多台机组拆分与合并填报描述

（包括多台机组的拆分情形、拆分方法、拆分后相关参数的获取方式；合并填报情形、单台机组信息等）多于1台机组的，应对单台机组进行计量和填报。对于以下特殊情形，填报说明如下：

（1）无法分机组计量排放量或配额相关参数的拆分处理方式：

a）对于核算边界内机组与核算边界外机组无法分开的，应明确拆分方法并详细列明核算边界内机组的获取方式后单独填报；

b）对于入炉煤消耗量无法分机组计量但汽轮机进汽量有单独计量的，应按照汽轮机进汽量比例拆分各机组燃煤消耗量后单独填报；

c）机组辅助燃料量无法分机组计量的，应按照机组发电量比例拆分后单独填报。

（2）对于不属于上述拆分填报情形，可以按以下方式合并填报：

a）CCPP机组视为一台机组进行填报；

b）对于锅炉直供热且无法分机组单独计量供热量的；

c）对于无法分机组计量供热量需合并填报的，应逐一列明单台机组的类别、装机容量、汽轮机排气冷却方式等信息，合并填报机组中，既有常规燃煤锅炉也有非常规燃煤锅炉通过母管制供汽的，当非常规燃煤锅炉产热量为总产热量80%及以上时可按照非常规燃煤机组填报。

3．主要排放设施

机组名称	设施类别	设施编号	设施名称	排放设施安装位置	是否纳入核算边界	备注说明
（1号机组）	（锅炉）	（MF143）	（煤粉锅炉）	（二厂区第三车间东）	（是）	

四、数据的确定方式

机组名称	参数名称	单位	数据的计算方法及获取方式		测量设备（适用于数据获取方式来源于实测值）					数据记录频次	数据缺失时的处理方式	数据获取负责部门
			获取方式	确定方法	测量设备及型号	测量设备安装位置	测量频次	测量设备精度	规定的测量设备校准频次			
1号机组	二氧化碳排放量	tCO_2	计算值	机组二氧化碳排放量=机组化石燃料燃烧排放量+购入电力排放量								

续表

机组名称	参数名称	单位	数据的计算方法及获取方式		测量设备（适用于数据获取方式来源于实测值）					数据记录频次	数据缺失时的处理方式	数据获取负责部门
			获取方式	确定方法	测量设备及型号	测量设备安装位置	测量频次	测量设备精度	规定的测量设备校准频次			
1号机组	化石燃料燃烧排放量	tCO_2										
	燃煤品种 i 消耗量	t										
	燃煤品种 i 元素碳含量	tC/t										
	燃煤品种 i 低位发热量	GJ/t										
	燃煤品种 i 单位热值含碳量	tC/GJ	缺省值	/	/	/	/	/	/	/	/	/
	燃煤品种 i 碳氧化率	%	缺省值	/	/	/	/	/	/	/	/	/
	燃油品种 i 消耗量	t										
	燃油品种 i 元素碳含量	tC/t										
	燃油品种 i 低位发热量	GJ/t										
	燃油品种 i 单位热值含碳量	tC/GJ										
	燃油品种 i 碳氧化率	%	缺省值	/	/	/	/	/	/	/	/	/
	燃气品种 i 消耗量	10^4Nm^3										
	燃气品种 i 元素碳含量	$tC/10^4Nm^3$										
	燃气品种 i 低位发热量	$GJ/10^4Nm^3$										
	燃气品种 i 单位热值含碳量	tC/GJ										
	燃气品种 i 碳氧化率	%	缺省值	/	/	/	/	/	/	/	/	/

续表

机组名称	参数名称	单位	数据的计算方法及获取方式		测量设备（适用于数据获取方式来源于实测值）					数据记录频次	数据缺失时的处理方式	数据获取负责部门
			获取方式	确定方法	测量设备及型号	测量设备安装位置	测量频次	测量设备精度	规定的测量设备校准频次			
1号机组	购入使用电力排放量	tCO_2	计算值									
	购入使用电量	MWh										
	电网排放因子	tCO_2/MWh	缺省值	/	/	/	/	/	/	/	/	/
	发电量	MWh										
	供热量	GJ										
	运行小时数	h										
	负荷（出力）系数	%										
	全部机组二氧化碳排放总量	tCO_2										

五、煤炭元素碳含量、低位发热量等参数检测的采样、制样方案

1. 采样方案
（包括每台机组的采样依据、采样点、采样频次、采样方式、采样质量和记录等）

2. 制样方案
（包括每台机组的制样方法、缩分方法、制样设施、煤样保存和记录等）

六、数据内部质量控制和质量保证相关规定

1. 内部管理制度和质量保障体系
（包括明确排放相关计量、检测、核算、报告和管理工作的负责部门及其职责，以及具体工作要求、工作流程等。指定专职人员负责温室气体排放核算和报告工作等）

2. 内审制度
（确保提交的排放报告和支撑材料符合技术规范、内部管理制度和质量保障要求等）

3. 原始凭证和台账记录管理制度
（规范排放报告和支撑材料的登记、保存和使用）

（二）定期报告要求

重点排放单位应在每个月结束之后的 40 个自然日内，按主管部门要求报告

该月的活动数据、排放因子、生产相关信息和必要的支撑材料，并于每年 3 月 31 日前编制提交上一年度的排放报告，包括基本信息、机组及生产设施信息、活动数据、排放因子、生产相关信息、支撑材料等温室气体排放及相关信息，并按照下文中《企业温室气体排放报告　发电设施》的格式要求进行报告。

（1）报送的必要材料见表 1-5。

表 1-5　　报送的必要支撑材料

序号	信息项	报送的必要支撑材料
1	化石燃料燃烧排放量	（1）对于燃料消耗量，提供每日/每月消耗量原始记录或台账
		（2）对于燃料消耗量，提供月度/年度生产报表
		（3）对于燃料消耗量，提供月度/年度燃料购销存记录
		（4）对于自行检测的燃料低位发热量，提供每日/每月燃料检测记录或煤质分析原始记录（含低位发热量、挥发分、灰分、含水量等数据）
		（5）对于委托检测的燃料低位发热量，提供有资质的机构出具的检测报告
		（6）对于每月进行加权计算的燃料低位发热量，提供体现加权计算过程的 Excel 表
		（7）对于自行检测的燃料单位热值含碳量，提供每月单位热值含碳量检测原始记录
		（8）对于委托检测的燃料单位热值含碳量，提供有资质的机构出具的检测报告
2	购入电力对应的排放量	（9）对于购入使用电量，提供每月电量原始记录
		（10）对于购入使用电量，提供每月电费结算凭证（如适用）
3	生产数据	（11）对于各项生产数据，提供每月电厂技术经济报表或生产报表
		（12）对于各项生产数据，提供年度电厂技术经济报表或生产报表
		（13）对于按照标准要求计算的供电量，提供体现计算过程的 Excel 表
		（14）对于供热量涉及换算的，提供包括焓值相关参数的 Excel 计算表
		（15）对于按照标准要求计算的供热比，提供体现计算过程的 Excel 表
		（16）根据选取的供热比计算方法提供相关参数证据材料（如蒸汽量、给水量、给水温度、蒸汽温度、蒸汽压力等）
		（17）对于运行小时数和负荷（出力）系数，提供体现计算过程的 Excel 表

（2）企业温室气体排放报告模板见下文《企业温室气体排放报告　发电设施》。

企业温室气体排放报告
发电设施

重点排放单位（盖章）:

报告年度:

编制日期:

根据生态环境部发布的《企业温室气体核算方法与报告指南　发电设施》等相关要求，本单位核算了年度温室气体排放量并填写了如下表格：

附表 1　重点排放单位基本信息

附表 2　机组及生产设施信息

附表 3　化石燃料燃烧排放表

附表 4　购入使用电力排放表

附表 5　生产数据及排放量汇总表

附表 6　元素碳含量和低位发热量的确定方式

附表 7　辅助参数报告项

声　　明

本单位对本报告的真实性、完整性、准确性负责。如本报告中的信息及支撑材料与实际情况不符，本单位愿承担相应的法律责任，并承担由此产生的一切后果。

特此声明。

法定代表人（或授权代表）：

重点排放单位（盖章）：

年/月/日

附表 1　　重点排放单位基本信息

重点排放单位名称	
统一社会信用代码	
单位性质（营业执照）	
法定代表人姓名	
注册日期	
注册资本（万元人民币）	
注册地址	
生产经营场所地址（省、市、县详细地址）	
发电设施经纬度	
报告联系人	
联系电话	
电子邮箱	
报送主管部门	
行业分类	发电行业
纳入全国碳市场的行业子类[①]	4411（火力发电） 4412（热电联产） 4417（生物质能发电）
生产经营变化情况	至少包括: a）重点排放单位合并、分立、关停或搬迁情况; b）发电设施地理边界变化情况; c）主要生产运营系统关停或新增项目生产等情况; d）较上一年度变化，包括核算边界、排放源等变化情况
本年度编制温室气体排放报告的技术服务机构名称[②]	
本年度编制温室气体排放报告的技术服务机构统一社会信用代码	
本年度提供煤质分析报告的检验检测机构/实验室名称	
本年度提供煤质分析报告的检验检测机构/实验室统一社会信用代码	

填报说明:

① 行业代码应按照国家统计局发布的国民经济行业分类 GB/T 4754 要求填报。自备电厂为法人或视同法人独立核算单位的，按其所属行业代码填写。自备电厂为非独立核算单位的，需要按其法人所属行业代码填写。

② 编制温室气体排放报告的技术服务机构是指为重点排放单位提供本年度碳排放核算、报告编制或碳资产管理等咨询服务机构，不包括开展碳排放核查/复查的机构。

附表 2　　机组及生产设施信息

<table>
<tr><th>机组名称</th><th colspan="3">信息项</th><th>填报内容</th></tr>
<tr><td rowspan="24">1 号机组①</td><td colspan="3">燃料类型②</td><td>（示例：燃煤、燃油、燃气）
明确具体种类</td></tr>
<tr><td colspan="3">燃料名称</td><td>（示例：无烟煤、柴油、天然气）</td></tr>
<tr><td colspan="3">机组类型③</td><td>（示例：热电联产机组，循环流化床）</td></tr>
<tr><td colspan="3">装机容量（MW）④</td><td>（示例：630）</td></tr>
<tr><td rowspan="17">燃煤机组</td><td rowspan="5">锅炉</td><td>锅炉名称</td><td>（示例：1 号锅炉）</td></tr>
<tr><td>锅炉类型</td><td>（示例：煤粉炉）</td></tr>
<tr><td>锅炉编号⑤</td><td>（示例：MF001）</td></tr>
<tr><td>锅炉型号</td><td>（示例：HG-2030/17.5-YM）</td></tr>
<tr><td>生产能力</td><td>（示例：2030 t/h）</td></tr>
<tr><td rowspan="8">汽轮机</td><td>汽轮机名称</td><td>（示例：1 号）</td></tr>
<tr><td>汽轮机类型</td><td>（示例：抽凝式）</td></tr>
<tr><td>汽轮机编号</td><td>（示例：MF002）</td></tr>
<tr><td>汽轮机型号</td><td>（示例：N630-16.7/538/538）</td></tr>
<tr><td>压力参数⑥</td><td>（示例：中压）</td></tr>
<tr><td>额定功率</td><td>（示例：630）</td></tr>
<tr><td>汽轮机排汽冷却方式⑦</td><td>（示例：水冷-开式循环）</td></tr>
<tr><td>（空）</td><td></td></tr>
<tr><td rowspan="4">发电机</td><td>发电机名称</td><td>（示例：1 号）</td></tr>
<tr><td>发电机编号</td><td>（示例：MF003）</td></tr>
<tr><td>发电机型号</td><td>（示例：QFSN-630-2）</td></tr>
<tr><td>额定功率</td><td>（示例：630）</td></tr>
<tr><td colspan="2">燃气机组</td><td>名称/编号/型号/额定功率</td><td></td></tr>
<tr><td colspan="2">燃气蒸汽联合循环发电机组（CCPP）</td><td>名称/编号/型号/额定功率</td><td></td></tr>
<tr><td colspan="2">燃油机组</td><td>名称/编号/型号/额定功率</td><td></td></tr>
</table>

续表

机组名称	信息项		填报内容
1号机组①	整体煤气化联合循环发电机组（IGCC）	名称/编号/型号/额定功率	
	其他特殊发电机组	名称/编号/型号/额定功率	
…			

填报说明:

① 按发电机组进行填报，如果机组数多于1个，应分别填报。对于CCPP，视为一台机组进行填报。合并填报的参数计算方法应符合本指南要求。同一法人边界内有两台或两台以上机组的，适用于以下要求:

a）对于母管制系统，或其他存在燃料消耗量或者供热量中有任意一项无法分机组计量的，可合并填报;

b）如果仅有元素碳含量、低位发热量无法分机组计量的，并且各机组煤样是从同一个入炉煤皮带秤或耐压式计量给煤机上采取的，可采用全厂实测的相同数值分机组填报;

c）如果机组辅助燃料量无法分机组计量的，可按机组发电量比例分配或其他合理方式分机组填报;

d）如果合并填报机组中既有纯凝发电机组也有热电联产机组的，按照热电联产机组填报;

e）如果合并填报机组中汽轮机排汽冷却方式不同（包括水冷、空冷或为背压机组）并且无法分机组填报的，应符合当年适用的配额分配方案，无规定时应遵循保守性原则;

f）如果母管制合并填报机组中既有常规燃煤锅炉也有非常规燃煤锅炉并且无法单独计量的，应符合当年适用的配额分配方案，无规定时当非常规燃煤锅炉产热量为总产热量80%及以上时可按照非常规燃煤机组填报;

g）四种机组类型（燃气机组、300MW等级以上常规燃煤机组、300MW等级及以下常规燃煤机组、非常规燃煤机组）跨机组类型合并填报时，应符合当年适用的配额分配方案，无规定时应遵循保守性原则;

h）对于化石燃料掺烧生物质发电的，仅统计燃料中化石燃料的二氧化碳排放，并应计算掺烧化石燃料热量年均占比。对于燃烧生物质锅炉与化石燃料锅炉产生蒸汽母管制合并填报的，在无法拆分时可按掺烧处理，统计燃料中全部化石燃料的二氧化碳排放，并应计算掺烧化石燃料热量年均占比。

② 燃料类型按照燃煤、燃油或者燃气划分，可采用机组运行规程或铭牌信息等进行确认。

③ 对于燃煤机组，机组类别指：纯凝发电机组、热电联产机组，并注明是否循环流化床机组、IGCC机组；对于燃气机组，机组类别指：B级、E级、F级、H级、分布式等，可采用排污许可证载明信息、机组运行规程、铭牌等进行确认。

④ 以发电机实际额定功率为准，可采用排污许可证载明信息、机组运行规程、铭牌等进行确认。

⑤ 锅炉、汽轮机、发电机等主要设施的编号统一采用排污许可证中对应编码。

⑥ 对于燃煤机组，压力参数指：中压、高压、超高压、亚临界、超临界、超超临界。

⑦ 汽轮机排汽冷却方式是指汽轮机凝汽器的冷却方式，可采用机组运行规程或铭牌信息等进行填报。冷却方式为水冷的，应明确是否为开式循环或闭式循环；冷却方式为空冷的，应明确是否为直接空冷或间接空冷。对于背压机组、内燃机组等特殊发电机组，仅需注明，不填写冷却方式。

附表 3

化石燃料燃烧排放表

机组①	参数②③			单位	1 月	2 月	3 月	4 月	5 月	6 月	7 月	8 月	9 月	10 月	11 月	12 月	全年④
1 号机组	*A*		燃料消耗量	t 或 10^4Nm^3													（合计值）
	B		收到基元素碳含量	tC/t													（加权平均值）
	C		燃料低位发热量	GJ/t 或 $GJ/10^4Nm^3$													（加权平均值）
	D		单位热值含碳量	tC/GJ													（缺省值）
	E		碳氧化率	%													（缺省值）
	$F=A\times B\times E\times 44/12$ 或 $G=A\times C\times D\times E\times 44/12$		化石燃料燃烧排放量	tCO_2													（合计值）
	掺烧生物质的机组	*H*	掺烧生物质品种名称	/													
		I	锅炉效率	%													（加权平均值）
		J	锅炉产热量	GJ													（合计值）
		$K=\Sigma A\times C$	化石燃料热量	GJ													（合计值）

续表

机组[①]	参数[②③]			单位	1月	2月	3月	4月	5月	6月	7月	8月	9月	10月	11月	12月	全年[④]
1号机组	掺烧生物质的机组	$L=(J/I-K)/(J/I)$	生物质热量占比	%													（加权平均值）
…																	

填报说明：

① 如果机组数多于1个，应分别填报。对于有多种燃料类型的，按不同燃料类型分机组进行填报。

② 各参数按照指南给出的方式计算和获取。对于燃料低位发热量，应与燃料消耗量的状态一致，优先采用实测值。

③ 各参数按四舍五入保留小数位如下：

a）燃煤、燃油消耗量单位为t，燃气消耗量单位为10^4Nm^3，保留到小数点后两位；

b）燃煤、燃油低位发热量单位为GJ/t，燃气低位发热量单位为$GJ/10^4Nm^3$，保留到小数点后三位；

c）收到基元素碳含量单位为tC/t，保留到小数点后四位；

d）单位热值含碳量单位为tC/GJ，保留到小数点后五位；

e）化石燃料燃烧排放量单位为tCO_2，保留到小数点后两位；

f）锅炉效率以%表示，保留到小数点后一位；

g）锅炉产热量单位为GJ，保留到小数点后两位；

h）化石燃料热量单位为GJ，保留到小数点后两位；

i）生物质热量占比以%表示，保留到小数点后一位。

④ 报送和存证下述必要的支撑材料：

a）对于燃料消耗量，提供每日/每月消耗量原始记录或台账；

b）对于燃料消耗量，提供月度/年度生产报表；

c）对于燃料消耗量，提供月度/年度燃料购销存记录；

d）对于自行检测的燃料低位发热量、元素碳含量的，提供每日/每月燃料检测记录或煤质分析原始记录（应包含低位发热量、挥发分、灰分、硫分、含水量等数据）；

e）对于委托检测的燃料低位发热量、元素碳含量的，提供有资质的机构出具的检测报告；

f）对于每月进行加权计算的燃料低位发热量，提供体现加权计算过程的Excel表。

附表 4　　购入使用电力排放表

机组[①]	参数[②]		单位	1月	2月	3月	4月	5月	6月	7月	8月	9月	10月	11月	12月	全年[⑤]
1号机组	M	购入使用电量[③]	MWh													（合计值）
	N	电网排放因子	tCO_2/MWh													（缺省值）
	$O=M\times N$	购入电力排放量[④]	tCO_2													（合计值）
…																

填报说明：

① 如果机组数多于 1 个，应分别填报。

② 如果购入使用电量无法分机组，可按机组数目平分。

③ 购入使用电量单位为 MWh，四舍五入保留到小数点后三位。

④ 购入使用电力对应的排放量单位为 tCO_2，四舍五入保留到小数点后两位。

⑤ 报送和存证下述必要的支撑材料：

a）对于使用电表记录的读数计算购入使用电量的，提供每月电量统计原始记录（盖章扫描件）；

b）对于使用电费结算凭证上的购入使用电量的，提供每月电费结算凭证（如适用）。

附表 5　　生产数据及排放量汇总表

机组[①]	参数[②]		单位	1月	2月	3月	4月	5月	6月	7月	8月	9月	10月	11月	12月	全年
1号机组	P	发电量	MWh													（合计值）
	Q	供热量	GJ													（合计值）
	R	运行小时数	h													（合计值或计算值）
	S	负荷（出力）系数	%													（计算值）
	$T=F+O$ 或 $T=G+O$	机组二氧化碳排放量	tCO_2													（合计值）
…		全部机组二氧化碳排放总量	tCO_2													（合计值）

填报说明：

① 如果机组数多于 1 个，应分别填报。

② 各参数按四舍五入保留小数位如下：

a）电量单位为 MWh，保留到小数点后三位；

b）热量单位为 GJ，保留到小数点后两位；

c）焓值单位为 kJ/kg，保留到小数点后两位；

d）运行小时数单位为 h，保留到整数位；

e）负荷（出力）系数以%表示，保留到小数点后两位；

f）机组二氧化碳排放量单位为 tCO_2，四舍五入保留整数位。

附表 6　　　　元素碳含量和低位发热量的确定方式

机组	参数①	月份	自行检测				委托检测				未实测
			检测设备	检测频次	设备校准频次	测定方法标准	委托机构名称	检测报告编号	检测日期	测定方法标准	缺省值
1号机组	元素碳含量	1月									
		2月									
		3月									
		…									
	低位发热量	1月									
		2月									
		3月									
		…									
…											

填报说明:

① 根据本指南要求，仅填报涉及计算和监测的参数。

附表 7　　　　辅助参数报告项

参数		单位	1月	2月	3月	4月	5月	6月	7月	8月	9月	10月	11月	12月
1号机组	供热比	%												
	发电煤（气）耗	tce/MWh 或 $10^4Nm^3/MWh$												
	供热煤（气）耗	tce/GJ 或 $10^4Nm^3/GJ$												
	发电碳排放强度	tCO_2/MWh												
	供热碳排放强度	tCO_2/GJ												
	上网电量	MWh												
…														
煤种1	煤种	/												
	煤炭购入量	/												
	煤炭来源（产地、煤矿名称）	/												
…														

注：辅助参数计算方法详见附录。

（3）定期报告填报原则。定期报告应按照机组类型、规模、数量等原则进行分别填报或合并填报，具体要求如图 1-7 所示。

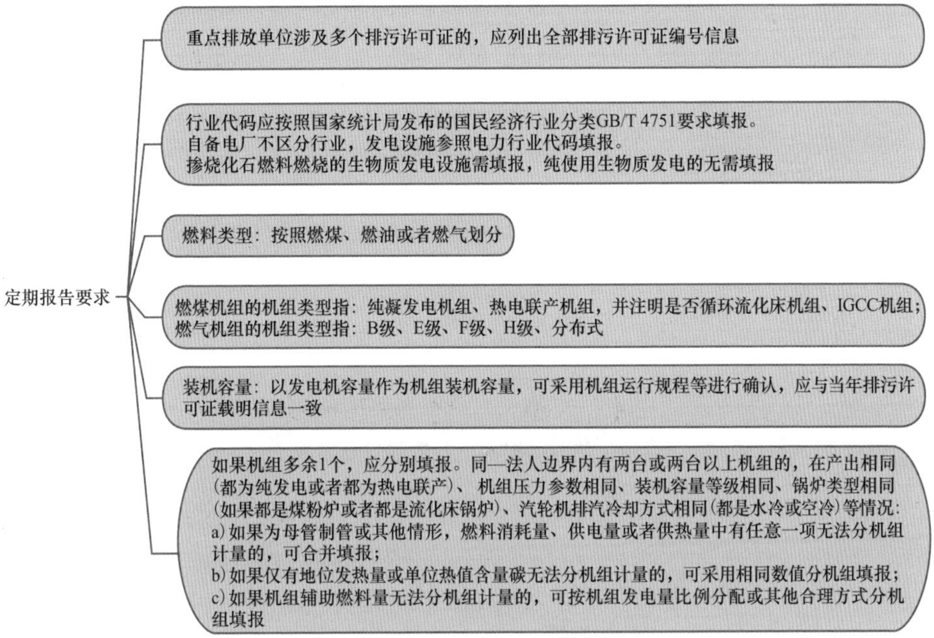

图 1-7　定期报告要求

（4）发电设施填报原则。如果机组数多于 1 个应分别填报，应分尽分。同一法人边界内有两台或两台以上机组的，在产出相同（都为纯发电或者都为热电联产）、机组压力参数相同、装机容量等级相同、锅炉类型相同（如果都是煤粉炉或者都是流化床锅炉）、汽轮机排汽冷却方式相同（都是水冷或空冷）等情况下：如果为母管制管或其他情形，燃料消耗量、供电量或者供热量中有任意一项无法分机组计量的，可合并填报，合并填报时，“机组及生产设施信息”按最不利原则填报。

发电设施填报类别见表 1-6，相关数据填报的小数位数保留要求见表 1-7。

表 1-6　　　　　　　　　　发电设施填报类别

发电机组类别		发电机组类别填报最不利原则	燃煤机组汽轮机排汽冷却方式类别		汽轮机气冷却方式最不利原则
类别一	300MW 等级（≥400MW）以上常规燃煤机组	（1）类别四不可与其他类别合并填报；	类别一	空冷（直接、间接）	类别一、二、三合并时，按照低类别填报，

续表

<table>
<tr><th colspan="2">发电机组类别</th><th>发电机组类别填报最不利原则</th><th colspan="2">燃煤机组汽轮机排汽冷却方式类别</th><th>汽轮机气冷却方式最不利原则</th></tr>
<tr><td>类别二</td><td>300MW（≤399MW）等级及以下常规燃煤机组</td><td rowspan="3">（2）类别一、二、三合并时，按照高类别填报，如类别一和类别二合并，按类别一填报发电机组类别</td><td rowspan="2">类别二</td><td rowspan="2">水冷（开式循环/闭式循环）</td><td rowspan="3">如类别一和类别二合并，按类别二填报汽轮机排汽冷却方式</td></tr>
<tr><td>类别三</td><td>燃煤矸石、煤泥、水煤浆等非常规燃煤机组（含燃煤循环流化床机组）</td></tr>
<tr><td>类别四</td><td>燃气机组</td><td>类别三</td><td>特殊发电机组（背压机组、内燃机组）</td></tr>
</table>

表 1-7　相关数据填报的小数位数保留要求

序号	参数/数据	单位	四舍五入保留到小数点后位数
1	化石燃料燃烧排放量	tCO_2	两位
2	购入电力对应的排放量	tCO_2	两位
3	机组排放量	tCO_2	整数
4	燃煤、燃油消耗量	t	两位
5	燃气消耗量	10^4Nm^3	两位
6	燃煤、燃油低位发热量	GJ/t	三位
7	燃气低位发热值	$GJ/10^4Nm^3$	三位
8	收到基元素碳含量	tC/t	四位
9	单位热值含碳量	tC/GJ	五位
10	热量	GJ	两位
11	焓值	KJ/kg	两位
12	电量	MWh	三位
13	供热比	以%表示	两位
14	供电煤耗或供电气耗	tce/MWh 或 $10^4Nm^3/MWh$	三位
15	供热煤耗或供热气耗	tce/或 $10^4Nm^3/GJ$	三位
16	供电碳排放强度	tCO_2/MWh	三位
17	供热碳排放强度	tCO_2/GJ	三位

（三）信息公开要求

信息公开要求如图 1-8 所示，温室气体重点排放单位信息公开表见表 1-8。

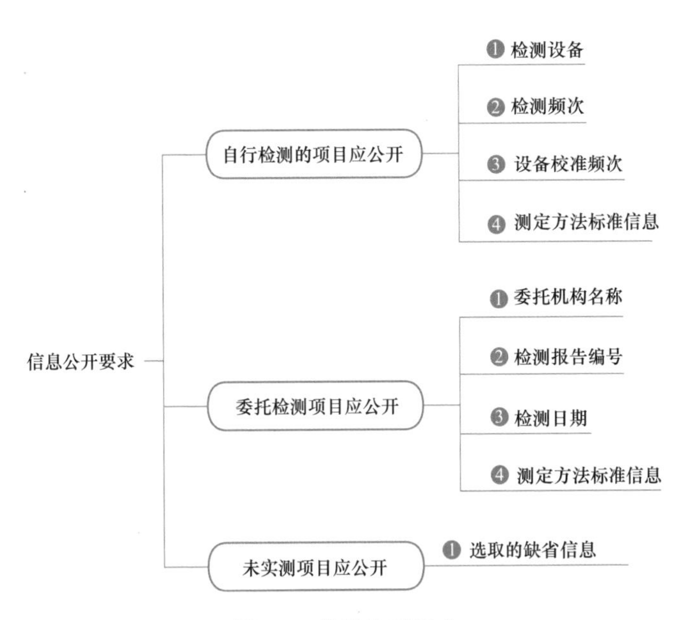

图 1-8　信息公开要求

表 1-8　　　　　　　　**温室气体重点排放单位信息公开表**

1　基本信息		
重点排放单位名称		
统一社会信用代码		
法定代表人姓名		
生产经营场所地址及邮政编码 （省、市、县、详细地址）		
行业分类		
纳入全国碳市场的行业子类		
2　机组及生产设施信息		
机组名称	信息项	内容
1 号机组[①]	燃料类型	（示例：燃煤、燃油、燃气）
	机组类型	（示例：300MW 等级以下常规燃煤机组）
	装机容量（MW）	（示例：300MW）
	锅炉类型	（示例：循环流化床锅炉）
	汽轮机排汽冷却方式	（示例：水冷）
…		

续表

3 低位发热量和元素碳含量的确定方式											
机组	参数	月份	自行检测				委托检测				未实测
			检测设备	检测频次	设备校准频次	测定方法标准	委托机构名称	检测报告编号	检测日期	测定方法标准	缺省值
1号机组	元素碳含量	××年1月									
		2月									
		3月									
		…									
	低位发热量	××年1月									
		2月									
		3月									
		…									
…											

4 排放量信息	
全部机组二氧化碳排放总量（tCO_2）	
5 生产经营变化情况	
包括： a）重点排放单位合并、分立、关停或搬迁情况； b）发电设施地理边界变化情况； c）主要生产运营系统关停或新增项目生产等情况； d）较上一年度变化，包括核算边界、排放源等变化情况； e）其他变化情况	
6 编制温室气体排放报告的技术服务机构情况	
本年度编制温室气体排放报告的技术服务机构名称：	
本年度编制温室气体排放报告的技术服务机构统一社会信用代码：	
7 提供煤质分析报告的检验检测机构情况	
本年度提供煤质分析报告的检验检测机构/实验室名称：	
本年度提供煤质分析报告的检验检测机构/实验室统一社会信用代码：	

填报说明：

① 按发电机组进行填报，如果机组数量多于1个，应分别显示。

第二节　2021、2022 年度碳排放配额分配

碳排放配额是指重点排放单位拥有发电机组允许的 CO_2 排放额度，化石燃料消费产生的直接 CO_2 排放和购入电力所产生的间接 CO_2 排放都被纳入重点排放单位的碳排放配额管理中，通常以 tCO_2（吨二氧化碳当量）为单位。同时，碳市场的建立使得碳排放权有了交易属性，因此碳排放配额有了经济价值。

一、纳入碳排放配额管理的重点排放名单与机组类别

1. 纳入碳排放配额管理的重点排放名单

根据当前碳市场的要求，履约的发电企业纳入的标准为：在履约周期中任一年综合能源消费量达到 1 万 t 标准煤（碳排放约 2.6 万 tCO_2 当量），就会被纳入重点排放名单。

2. 纳入碳排放配额管理的机组类别

如图 1-9 所示，纳入碳排放配额管理的发电机组按照燃料类别及机组容量划分为 300MW 等级以上常规燃煤机组，300MW 等级及以下常规燃煤机组，燃煤矸石、煤泥、水煤浆等非常规燃煤机组（含燃煤循环流化床机组）和燃气机组四个类别，不包括不具备发电能力的纯供热设施。其中表 1-9 内所涉及的机组类型暂不纳入碳排放配额管理。

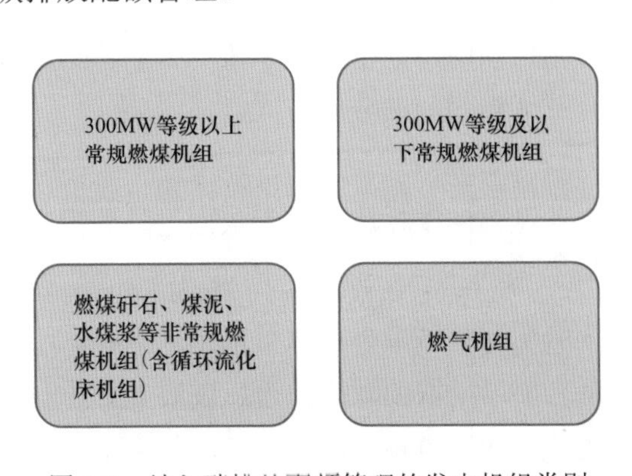

图 1-9　纳入碳排放配额管理的发电机组类别

表 1-9　　暂不纳入碳排放配额管理的机组判定标准

机组分类	判定标准
生物质发电机组	纯生物质发电机组（含垃圾、污泥焚烧发电机组）
掺烧发电机组	（1）生物质掺烧化石燃料机组： 完整履约年度内，掺烧化石燃料且生物质（含垃圾、污泥）燃料热量年均占比高于50%的发电机组（含垃圾、污泥焚烧发电机组）； （2）化石燃料掺烧生物质（含垃圾、污泥）机组： 完整履约年度内，掺烧生物质（含垃圾、污泥等）热量年均占比超过10%且不高于50%的化石燃料机组； （3）化石燃料掺烧自产二次能源机组： 完整履约年度内，混烧自产二次能源热量年均占比超过10%的化石燃料燃烧发电机组
特殊燃料发电机组	仅使用煤层气（煤矿瓦斯）、兰炭尾气、炭黑尾气、焦炉煤气（荒煤气）、高炉煤气、转炉煤气、石油伴生气、油页岩、油砂、可燃冰等特殊化石燃料的发电机组
使用自产资源发电机组	仅使用自产废气、尾气、煤气的发电机组
其他特殊发电机组	（1）燃煤锅炉改造形成的燃气机组（直接改为燃气轮机的情形除外）； （2）燃油机组、整体煤气化联合循环发电（IGCC）机组、内燃机组

二、碳排放配额分配方式

目前全国碳市场碳排放配额全部实行免费分配，免费分配的方法一般有历史总量法、历史强度法、基准法（行业先进基准线法）分配重点排放单位机组的碳排放配额量，目前电力行业采用了基准法方式分配配额。重点排放单位的碳排放配额量为其所拥有的各类型机组配额量的总和。随着市场的逐步成熟和更多的行业企业参与到全国碳排放市场，碳排放配额的发放方式也将逐步由免费分配过渡到有偿分配（拍卖）的分配方式。

1. 历史总量法

历史总量法以企业过去的碳排放数据为依据进行分配。通常选取企业过去3～5年的二氧化碳排放量得出该企业的年均历史排放量，而这一数字就是企业下一年度可得的碳排放配额。历史总量法对数据要求较低，方法简单，但忽视了企业在碳交易体系之前已采取的减排行为，同时企业还有可能因为产量的不确定性带来配额的“不合理”盈缺。历史总量法适用于碳市场初期历史碳排放数据基础较差的行业。

2. 历史强度法

以企业自身过去3～5年单位产量碳排放强度为基础，并考虑负荷变化、未来的下降趋势和减排目标而制定的针对每个企业自身的单位产量碳排放强度值的分配方法，每个企业（设施）获得的碳排放配额量等于其当年产量乘以该强度值。历史强度法原则上要求企业年度碳排放强度逐年降低。历史强度法解决了企业因为产量的不确定性带来的“不合理”配额盈缺，但对提前减排的企业仍然显失公平。历史强度法适用于工艺流程复杂或可比性较差导致无法得出行业平均排放强度的行业，例如副产品较多的化工行业。

3. 基准线法（行业先进基准线法）

将行业内同种产品的单位产量碳排放量加权平均值或先进值（例如将行业内同种产品的单位产量碳排放按顺序从小到大排列，选择全行业平均或排序靠前并达到产量一定比例的加权平均碳排放强度作为行业基准线）作为碳排放配额分配基础，每个企业（设施）获得的碳排放配额量等于其当年产量乘以基准线值。基准线法解决了企业因为产量的不确定性带来的“不合理”配额盈缺，同时也有利于提前减排的企业。基准线法适用于数据基础好、产品单一、可比性较强的行业，如发电和电解铝行业等。

三、碳排放配额发放流程

以2021—2022年的履约期为例。2021、2022年度配额实行免费分配，采用基准法核算机组配额量，计算公式如下：

机组配额量=供电基准值×机组供电量×修正系数＋供热基准值×机组供热量

碳排放配额发放流程如图1-10所示。

图1-10　碳排放配额发放流程

1. 碳排放配额的预分配

省级生态环境主管部门按照本方案规定的核算方法，审核确定各机组2021、2022年度预分配配额量，通过全国碳市场信息管理平台（以下简称管理平台）将配额预分配相关数据表传输至全国碳排放权注册登记系统，告知重点排放单位，并以正式文件报送全国碳排放权注册登记系统管理机构（以下简称全国碳排放权注册登记机构），同时抄送生态环境部。2021、2022 年度各机组预分配配额量均为 2021 年该机组经核查排放量的 70%，将重点排放单位拥有的所有机组相应的预分配配额量进行加总，得到其 2021、2022 年度的预分配配额量。全国碳排放权注册登记机构依据省级生态环境主管部门报送的正式文件，配合省级生态环境主管部门核对预分配配额量，并将预分配配额发放至重点排放单位账户。

发电行业重点排放单位碳排放配额预分配明细见表 1-10。

表 1-10　××省（区、市）××××年度机组预分配配额明细　（单位：tCO_2）

序号	重点排放单位名称	统一社会信用代码	机组编号	2021 年度经核查排放量	预分配配额量	需要特殊说明的事项
1						
2						
3						
…						

注：1. 2021、2022 年配额分年度管理，需分年度提交数据表；
2. 预分配配额量采用向下取整；
3. 本表需加盖省级生态环境主管部门公章。

2. 预分配碳排放配额的发放

省级主管部门依照配额分配方法和技术指南的要求，基于与碳排放配额分配年度最接近的历史年份的主营产品产量（服务量）等数据，初步核算所辖区域内纳入企业的免费发放配额数量。经国家主管部门批准后，在“全国碳排放权注册登记系统”（系统界面见图 1-11）中作为预分配的配额数量，进行登记。

3. 碳排放配额核定

省级生态环境主管部门基于机组履约当年实际供电量和供热量、修正系数等相关数据，结合机组对应的碳排放基准值，进行最终碳排放配额核定工作，确定本行政区域内履约当年各重点排放单位应发放配额量。最终碳排放配额核定步骤如下：

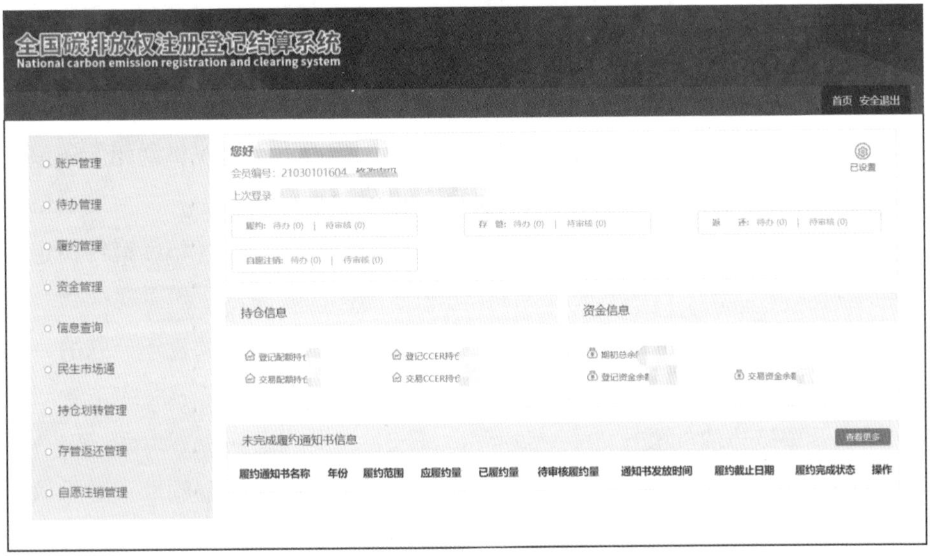

图 1-11　全国碳排放权注册登记系统界面

通过“全国碳排放权注册登记系统”（https：//ucweb.chinacrc.net.cn）查询应发放配额量。基于确定的应发放配额量和已发放的预分配配额量，当应发放配额量与预分配配额不一致时，按照“多退少补”的原则，全国碳排放权注册登记机构配合省级生态环境主管部门完成全国碳市场履约当年的配额发放工作。

（1）纯凝发电机组。

第一步：省级生态环境主管部门核实机组凝汽器的冷却方式，2021、2022 年度机组的负荷（出力）系数和供电量（MWh）数据。

第二步：按机组 2021、2022 年度的供电量，乘以机组所属类别的相应年度供电基准值、冷却方式修正系数、供热量修正系数（实际取值为 1）和负荷（出力）系数修正系数，分别核定机组 2021 年度和 2022 年度配额量。

第三步：最终核定的各年度配额量与相应年度预分配配额量不一致的，以最终核定的配额量为准，多退少补。

（2）热电联产机组。

第一步：省级生态环境主管部门核实机组凝汽器的冷却方式，2021、2022 年度机组的负荷（出力）系数、供热比、供电量（MWh）、供热量（GJ）数据。

第二步：按机组2021、2022年度的供电量，乘以机组所属类别的相应年度供电基准值、冷却方式修正系数、供热量修正系数和负荷（出力）系数修正系数，核定机组2021年度和2022年度供电配额量。

第三步：按机组2021、2022年度的供热量，乘以机组所属类别相应年度的供热基准值，核定机组2021年度和2022年度供热配额量。

第四步：将第二步和第三步的计算结果加总，得到机组各年度最终核定的配额量。

第五步：最终核定的各年度配额量与相应年度预分配配额量不一致的，以最终核定的配额量为准，多退少补。

4. 调整碳排放配额

对于虚报、瞒报温室气体排放量，未按要求清缴碳排放配额，重点排放单位发生关停或搬迁、不予发放及收回免费配额情形等的重点排放单位，省级生态环境主管部门要核定其配额调整量。全国碳排放权注册登记机构配合省级生态环境主管部门相应调整其应发放配额量。

四、碳排放配额清缴

1. 碳排放配额清缴流程

碳排放配额清缴也称履约，各试点地区的重点排放单位，须在当地主管部门规定的期限内，按实际年度排放指标完成碳排放配额清缴。履约通常以一个自然年为周期。按照《碳排放权交易管理办法（试行）》，重点排放单位应当根据主管部门制定的温室气体排放核算与报告技术规范，编制该单位上一年度的温室气体排放报告，载明排放量，并于每年3月31日前报生产经营场所所在地的省级生态环境主管部门。具体清缴流程如图1-12所示。

按照《碳排放权交易管理办法（试行）》中规定重点排放单位应当在生态环境部规定的时限内，向分配配额的省级生态环境主管部门清缴上年度的碳排放配额。清缴量应当大于等于省级生态环境主管部门核查结果确认的该单位上年度温室气体实际排放量。重点排放单位每年可以使用国家核证自愿减排量（CCER）抵销碳排放配额的清缴，抵销比例不得超过应清缴碳排放配额的5%。相关规定由生态环境部另行制定。

在2019—2020年的履约期中，生态环境部印发《关于做好全国碳排放权交易市场第一个履约周期碳排放配额清缴工作的通知》(简称《配额清缴通知》)、《关于做好全国碳排放权交易市场数据质量监督管理相关工作的通知》(简称质量监督通知)。《配额清缴通知》提出，发电行业重点排放单位尽早完成全国碳市场第一个履约周期配额清缴，确保2021年12月15日17时前本行政区域95%的重点排放单位完成履约，12月31日17时前全部重点排放单位完成履约；并提出需组织有意愿使用国家核证自愿减排量抵销碳排放配额清缴的重点排放单位抓紧开立国家自愿减排注册登记系统一般持有账户，并在经备案的温室气体自愿减排交易机构开立交易系统账户，尽快完成CCER购买并申请CCER注销。其中，在《全国碳市场第一个履约周期使用CCER抵销配额清缴程序》明确具体清缴要求：

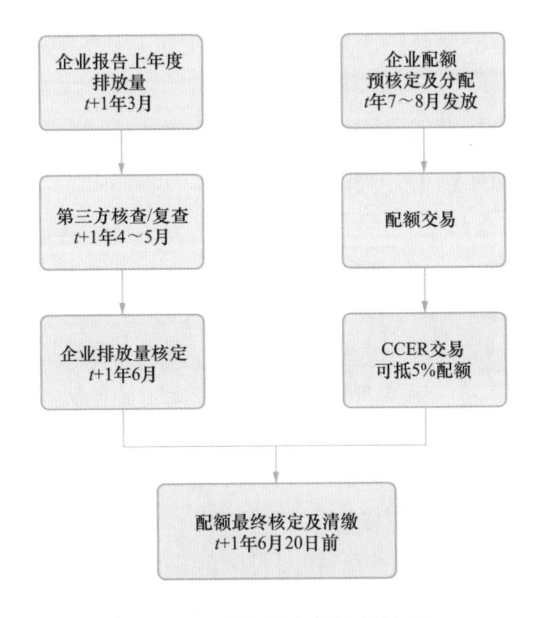

图1-12 碳排放配额清缴流程

(1)抵销比例不超过应清缴碳排放配额的5%；

(2)不得来自纳入全国碳市场配额管理的减排项目。

另外，为降低在2021—2022年的履约期中碳排放配额缺口较大的重点排放单位所面临的履约负担，设立履约豁免机制及灵活机制。

一是燃气机组豁免。当燃气机组年度经核查排放量大于根据本方案规定的核算方法核定的配额量时，应发放配额量等于其经核查排放量。当燃气机组年度经核查排放量小于核定的配额量时，应发放配额量等于核定的配额量。

二是重点排放单位超过履约缺口率上限豁免。设定20%的配额缺口率（应清缴配额量与应发放配额量之间的差值与应清缴配额量的比值）上限，当重点排放单位核定的年度配额量小于经核查排放量的80%时，其应发放配额量等于年度经核查排放量的80%；当大于等于80%时，其应发放配额量等于核定配额量。

三是2023年度配额预支。对配额缺口率在10%及以上的重点排放单位，确因经营困难无法完成履约的，可从2023年度预分配配额中预支部分配额完成履约，预支量不超过配额缺口量的50%。

此外，对承担重大民生保障任务的重点排放单位，在执行履约豁免机制和灵活机制后仍无法完成履约的，统筹研究个性化纾困方案。

2. 未履行清缴碳排放配额处罚细则

重点排放企业未按规定履约，将根据《全国碳排放权交易管理办法（试行）》进行处罚，处罚细则如图1-13所示。

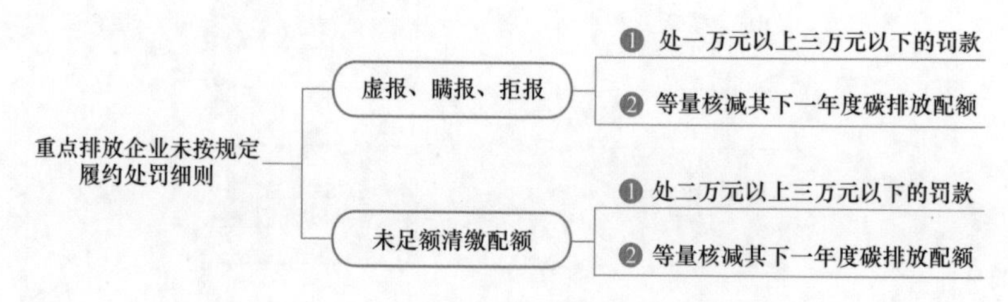

图1-13 重点排放企业未按规定履约处罚细则

重点排放单位虚报、瞒报温室气体排放报告，或者拒绝履行温室气体排放报告义务的，由其生产经营场所所在地设区的市级以上地方生态环境主管部门责令限期改正，处一万元以上三万元以下的罚款。逾期未改正的，由重点排放单位生产经营场所所在地的省级生态环境主管部门测算其温室气体实际排放量，并将该排放量作为碳排放配额清缴的依据；对虚报、瞒报部分，等量核减其下一年度碳排放配额。

重点排放单位未按时足额清缴碳排放配额的，由其生产经营场所所在地设区的市级以上地方生态环境主管部门责令限期改正，处二万元以上三万元以下的罚款；逾期未改正的，对欠缴部分，由重点排放单位生产经营场所所在地的省级生态环境主管部门等量核减其下一年度碳排放配额。

面对二万元至三万元的罚款，部分履约缺口大的企业可能存在侥幸心理，有选择放弃履约以罚代缴的想法。2024 年 2 月 4 日，国家公布《碳排放权交易管理条例》，自 2024 年 5 月 1 日起施行。

此条例对各主体单位提出了更加严格的处罚措施，其中重点排放单位未按照规定清缴其碳排放配额的，由生态环境主管部门责令改正，处未清缴的碳排放配额清缴时限前 1 个月市场交易平均成交价格 5 倍以上 10 倍以下的罚款；拒不改正的，按照未清缴的碳排放配额等量核减其下一年度碳排放配额，可以责令停产整治。

五、碳排放配额计算

本小节以 2021、2022 年度全国碳排放权交易配额总量设定与分配实施方案（发电行业）为依据进行配额计算的介绍讲解。因本章内容以火电企业的角度出发，所以在这里只介绍燃煤机组的碳排放配额计算方法。

燃煤机组的 CO_2 排放配额计算式为

$$A = A_e + A_h \tag{1-28}$$

式中　A——机组 CO_2 配额总量，tCO_2；

A_e——机组供电 CO_2 配额量，tCO_2；

A_h——机组供热 CO_2 配额量，tCO_2。

1. 机组供电 CO_2 配额计算

（1）计算公式。

其中，机组供电 CO_2 配额计算式为

$$A_e = Q_e \times B_e \times F_l \times F_r \times F_f \tag{1-29}$$

式中　Q_e——机组供电量，MWh；

B_e——机组所属类别的供电基准值，tCO_2/MWh；

F_l——机组冷却方式修正系数，如果凝汽器的冷却方式是水冷，则机组冷却方式修正系数为 1，如果凝汽器的冷却方式是空冷，则机组冷却方式修正系数为 1.05；对于背压机组等特殊发电机组，冷却方式修正系数为 1；

F_r——机组供热量修正系数，燃煤机组供热量修正系数为 1−0.22×供热比；

F_f——机组负荷（出力）系数修正系数。

（2）供电、供热基准值。

2021—2022 年各类别机组碳排放供电基准值和供热基准值见表 1-11。基准值与国家碳减排目标保持衔接，体现额外减排作用并兼顾减排公平性，考虑企业可承受程度的原则。考虑到我国火电机组技术进步带来单位产品碳排放下降的历史规律，在之后履约期设定的供电基准值将会逐步缩减。

表 1-11　　2021—2022 年各类别机组碳排放基准值

<table>
<tr><th rowspan="2">序号</th><th rowspan="2">机组类别</th><th colspan="3">供电（tCO_2/MWh）</th><th colspan="3">供热（tCO_2/GJ）</th></tr>
<tr><th>2021 年平衡值</th><th>2021 年基准值</th><th>2022 年基准值</th><th>2021 年平衡值</th><th>2021 年基准值</th><th>2022 年基准值</th></tr>
<tr><td>1</td><td>300MW 等级以上常规燃煤机组</td><td>0.8210</td><td>0.8218</td><td>0.8177</td><td rowspan="3">0.1110</td><td rowspan="3">0.1111</td><td rowspan="3">0.1105</td></tr>
<tr><td>2</td><td>300MW 等级及以下常规燃煤机组</td><td>0.8920</td><td>0.8773</td><td>0.8729</td></tr>
<tr><td>3</td><td>燃煤矸石、煤泥、水煤浆等非常规燃煤机组（含燃煤循环流化床机组）</td><td>0.9627</td><td>0.9350</td><td>0.9303</td></tr>
<tr><td>4</td><td>燃气机组</td><td>0.3930</td><td>0.3920</td><td>0.3901</td><td>0.0560</td><td>0.0560</td><td>0.0557</td></tr>
</table>

（3）修正系数。

参考《常规燃煤发电机组单位产品能源消耗限额》（GB 21258—2017）及《热电联产单位产品能源消耗限额》（GB 35574—2017），常规燃煤纯凝发电机组负荷（出力）系数修正系数按照表 1-12 选取，其他类别机组负荷（出力）系数修正系数为 1。

表 1-12　　常规燃煤纯凝发电机组负荷（出力）系数修正系数

统计期机组负荷（出力）系数	修正系数
$F \geqslant 85\%$	1.0
$80\% \leqslant F < 85\%$	$1+0.0014\times(85-100F)$
$75\% \leqslant F < 80\%$	$1.007+0.0016\times(80-100F)$
$F < 75\%$	$1.015^{(16-20F)}$

注：F 为机组负荷（出力）系数，单位为%。

2．机组供热 CO_2 配额计算

（1）计算公式。

机组供热 CO_2 配额计算方法为

$$A_h = Q_h \times B_h \tag{1-30}$$

式中　Q_h——机组供热量，GJ；

B_h——机组所属类别的供热基准值，tCO_2/GJ。

（2）供热基准值。

各类别机组的供热基准值见表 1-11，考虑到机组负荷系数修正系数的覆盖范围扩展到常规燃煤热电联产机组带来的影响，为体现政策对供热机组的激励机制，供热基准值可能会有所增加。

第三节　2023、2024 年度碳排放配额分配

2024 年 7 月 2 日，生态环境部发布《2023、2024 年度全国碳排放权交易发电行业配额总量和分配方案（征求意见稿）》（以下简称《配额方案》），目前属于征求意见阶段。相较于《2021、2022 年度全国碳排放权交易配额总量设定与分配实施方案（发电行业）》，重点有以下六个方面变化。

一是配额分配基础参数变化。由基于供电量核定配额改为基于发电量核定配额。即根据机组产生的发电量、发电基准值及相关修正系数计算得到机组发电配额量，不再使用供电量与供电基准值核算配额。

二是取消机组供热量修正系数。从前两个履约周期实际情况来看，供热比计算程序烦琐，难以准确获取，易导致供热量修正系数计算结果偏差。鉴此，《配额方案》在配额计算公式中取消供热量修正系数，而是通过调整基准值实现对发电机组供热的合理激励。

三是将机组负荷系数改为机组调峰修正系数。将机组负荷（出力）系数修正系数调整为机组调峰修正系数，并修改适用范围。将补偿负荷率上限调整为 65%，机组负荷（出力）系数在 65%及以上的常规燃煤机组不再引入大于 1 的修正系数，统计期内机组负荷（出力）系数在 65%以下的常规燃煤机组按照原计算公式计算并使用大于 1 的调峰修正系数，获得补偿配额，详见表 1-13 机组调峰修正系数。

四是取消外购电力间接排放履约。不再将购入使用电力产生的二氧化碳间接排放纳入配额管理范围，并相应调整了配额基准值。对于发电企业来说，外

购电力的碳排放对于总排放量影响小，为简化程序，聚焦核心问题，《配额方案》中配额发放取消外购电力相关排放的影响。

五是引入配额结转政策。《配额方案》最大的变化是提出了配额结转规定，将重点排放单位配额最大可结转量与交易行为挂钩，明确了配额结转的相关规则，包括各年度配额使用要求、结转对象、时间安排、可结转量计算、结转申请流程等。

六是履约期调整为一年。全国碳市场的前两个履约期（2019—2020，2021—2022）都是两年完成一次履约。《配额方案》中明确提到2024年12月31日完成2023年履约，2025年12月31日完成2024年履约，履约期调整为一年。

本手册重点对碳排放配额分配方法和配额结转进行整理，以供参考。

一、碳排放配额分配方法

（一）燃煤机组

燃煤机组的CO_2排放配额计算式为

$$A=A_e+A_h \tag{1-31}$$

式中 A——机组CO_2配额总量，tCO_2；

A_e——机组发电CO_2配额量，tCO_2；

A_h——机组供热CO_2配额量，tCO_2。

其中，机组发电CO_2配额量计算式为

$$A_e=Q_e \times B_e \times F_l \times F_f \tag{1-32}$$

式中 Q_e——机组发电量，MWh；

B_e——机组所属类别的发电基准值，tCO_2/MWh（查询见表1-17）；

F_l——机组冷却方式修正系数，如果凝汽器的冷却方式是水冷，则机组冷却方式修正系数为1；如果凝汽器的冷却方式是空冷，则机组冷却方式修正系数为1.05；对于背压机组等特殊发电机组，冷却方式修正系数为1；

F_f——机组调峰修正系数。

参考《常规燃煤发电机组单位产品能源消耗限额》（GB 21258—2017）及《热电联产单位产品能源消耗限额》（GB 35574—2017），常规燃煤机组调峰修正系数按照表1-13选取，其他类别机组调峰修正系数为1。

表 1-13　　机组调峰修正系数

统计期机组负荷（出力）系数	修正系数
$F<65\%$	$1.015^{(16-20F)}$

注：F 为机组负荷（出力）系数，单位为%。

机组供热 CO_2 配额计算式为

$$A_h=Q_h\times B_h \tag{1-33}$$

式中　Q_h——机组供热量，GJ；

B_h——机组所属类别的供热基准值，tCO_2/GJ（查询见表 1-15）。

（二）燃气机组

燃气机组的 CO_2 排放配额计算式为

$$A=A_e+A_h \tag{1-34}$$

式中　A——机组 CO_2 配额量，tCO_2；

A_e——机组发电 CO_2 配额量，tCO_2；

A_h——机组供热 CO_2 配额量，tCO_2。

机组发电 CO_2 配额计算式为

$$A_e=Q_e\times B_e \tag{1-35}$$

式中　Q_e——机组发电量，MWh；

B_e——机组所属类别的发电基准值，tCO_2/MWh（查询见表 1-14）。

机组供热 CO_2 配额计算式为

$$A_h=Q_h\times B_h \tag{1-36}$$

式中　Q_h——机组供热量，GJ；

B_h——机组所属类别的供热基准值，tCO_2/GJ（查询见表 1-14）。

表 1-14　　2023、2024 年各类别机组碳排放基准值

序号	机组类别	发电基准值（tCO_2/MWh）			供热基准值（tCO_2/GJ）		
		2023 年平衡值	2023 年基准值	2024 年基准值	2023 年平衡值	2023 年基准值	2024 年基准值
I	300MW 等级以上常规燃煤机组	0.7892	0.7861	0.7822	0.1041	0.1038	0.1033
II	300MW 等级及以下常规燃煤机组	0.8048	0.7984	0.7944			

续表

序号	机组类别	发电基准值（tCO_2/MWh）			供热基准值（tCO_2/GJ）		
		2023 年平衡值	2023 年基准值	2024 年基准值	2023 年平衡值	2023 年基准值	2024 年基准值
III	燃煤矸石、水煤浆等非常规燃煤机组（含燃煤循环流化床机组）	0.8146	0.8082	0.8042			
IV	燃气机组	0.3239	0.3305	0.3288	0.0525	0.0536	0.0533

注：2023 年平衡值是基于 2023 年碳排放数据，综合考虑履约优惠政策、修正系数计算，是各类机组发电、供热碳排放配额量与应清缴配额平衡时对应的数值。

2023、2024 年各类别机组碳排放基准值与平衡值对比见表 1-15。

表 1-15　2023、2024 年各类别机组碳排放基准值与平衡值对比

序号	机组类别	发电基准值（tCO_2/MWh）				供热基准值（tCO_2/GJ）			
		2023 年平衡值	2023 年基准值	2024 年基准值	基准值较平衡值调整比例（%）	2023 年平衡值	2023 年基准值	2024 年基准值	基准值较平衡值调整比例（%）
I	300MW 等级以上常规燃煤机组	0.7892	0.7861	0.7822	↓0.4	0.1041	0.1038	0.1033	↓0.3
II	300MW 等级及以下常规燃煤机组	0.8048	0.7984	0.7944	↓0.8	0.1041	0.1038	0.1033	↓0.3
III	燃煤矸石、水煤浆等非常规燃煤机组（含燃煤循环流化床机组）	0.8146	0.8082	0.8042	↓0.8	0.1041	0.1038	0.1033	↓0.3
IV	燃气机组	0.3239	0.3305	0.3288	↑2.0	0.0525	0.0536	0.0533	↑2.0

二、配额结转

为明确配额跨期使用方式，提升市场交易活跃度。重点排放单位在 2023、2024 年度履约时，可使用本年度及其之前年度配额履约。

（一）结转对象

2019—2020 年配额、2021 年配额、2022 年配额、2023 年配额、2024 年配额。

（二）时间安排

符合要求的重点排放单位可于结转通知书发放日至2026年6月10日期间，通过全国碳排放权注册登记系统提交各年度碳排放配额的结转申请。

（三）最大可结转量

重点排放单位各年度碳排放配额可结转量（单位为吨）计算式为

$$T=NS\times R \tag{1-37}$$

$$NS=(S_{I_{2019-2020}}+S_{I_{2021}}+S_{I_{2022}}+S_{I_{2023}}+S_{I_{2024}})-(P_{I_{2019-2020}}+P_{I_{2021}}+P_{I_{2022}}+P_{I_{2023}}+P_{I_{2024}})$$

式中　T——重点排放单位最大可结转配额量，tCO_2；

NS——净卖出配额量，tCO_2；

R——结转倍率；

S——卖出配额量，tCO_2；

P——买入配额量，tCO_2；

$I_{2019-2020}$——配额标的，2019—2020 年配额；

I_{2021}——配额标的，2021 年配额；

I_{2022}——配额标的，2022 年配额；

I_{2023}——配额标的，2023 年配额；

I_{2024}——配额标的，2024 年配额。

其中：

（1）可结转量不高于重点排放单位 2025 年期末持仓量；

（2）净卖出量计算时间范围：2024 年 1 月 1 日至 2025 年 12 月 31 日，如计算结果小于 0 则取值为 0；

（3）结转倍率设为 1.5；

（4）重点排放单位最大可结转量计算结果向下取整；

（5）期末持仓量为 2025 年 12 月 31 日 23:59 全国碳排放权注册登记系统显示的 2019—2024 年配额持仓量，包括全国碳排放权注册登记系统中的交易可用量、登记可用量和司法冻结量。在全国碳排放权注册登记系统中已提交履约、自愿注销等业务申请但尚未审核通过的配额量应在期末持仓量计算中予以扣除。

（四）结转申请要求

配额结转申请的提交时间为结转通知书发放日至 2026 年 6 月 10 日。未按规定于 2024 年 12 月 31 日前完成 2023 年度履约或未按规定于 2025 年 12 月 31 日前完成 2024 年度履约的重点排放单位，不得通过全国碳排放权注册登记系统提交配额结转申请。

（五）结转申请流程

1. 生成配额结转通知书

2026 年 1 月 1 日后，全国碳排放权注册登记机构依据重点排放单位 2023、2024 年度履约情况筛选出有资格申请配额结转的重点排放单位，并根据全国碳排放权交易系统与全国碳排放权注册登记系统交叉核对确认的 2024—2025 年期间的净卖出量数据，结合重点排放单位 2025 年的期末持仓量，计算出重点排放单位配额最大可结转量，于 2026 年 1 月 31 日之前在全国碳排放权注册登记系统内生成结转通知书并发放至重点排放单位全国碳排放权注册登记系统账户内。

2. 配额划转

重点排放单位在提交结转申请前，应确保待结转的配额已全部自交易持仓划转至登记持仓。

3. 配额结转申请提交

重点排放单位在收到配额结转通知书后，可在结转通知书发放日至 2026 年 6 月 10 日期间，通过全国碳排放权注册登记系统可多次提交配额结转申请，单次申请结转量不得超过提交申请时全国碳排放权注册登记系统的持仓可用量，累计申请结转量不得超过最大可结转量。待结转的配额自提交结转申请后开始冻结至全国碳排放权注册登记机构完成结转回收。

4. 配额结转回收与发放

全国碳排放权注册登记机构将分 2 次（2026 年 3 月 27 日前、6 月 26 日前）对重点排放单位在全国碳排放权注册登记系统内已提交待结转的配额进行结转回收，并于五个工作日内通过全国碳排放权注册登记系统向重点排放单位发放与结转回收量等量的 2025 年度配额。

企业因被司法冻结而无法根据相关要求及时开展配额结转的，在人民法院裁定司法解冻相关配额后，通过全国碳排放权注册登记系统补交配额结转申请，参照上述要求开展配额结转。

第四节　案例一：2021—2022年碳排放配额与履约盈亏计算

配额计算相关题目的配额分配规则均采用《2021、2022年全国碳排放权交易配额总量设定与分配实施方案（发电行业）》的规定。

一、常规燃煤纯凝发电机组

乙电厂有一台350MW的常规燃煤纯凝发电机组，机组冷却方式是开式循环，乙电厂需履约2021年和2022年2年的碳排放量，2021—2022年乙电厂的碳排放和运行情况见表1-16。

表1-16　　2021—2022年乙电厂碳排放量与运行情况

年份	供电量（MWh）	供热量（GJ）	供热比	负荷出力系数	碳排放量（tCO_2）
2021	2200000	0	0	86%	2300000
2022	2300000	0	0	80%	2700000

问：（1）乙电厂可获得多少预分配配额量？

（2）根据配额计算公式，乙电厂的计算配额量是多少？

（3）乙电厂完成履约的履约盈亏是多少？

答：（1）每年的预分配配额量是按照2021年的实际碳排放量的70%计算出的配额量，得到

预分配配额量=2021年预分配配额量+2022年预分配配额量

=2300000×70%+2300000×70%

=1610000+1610000=3220000t

因此，乙电厂可获得3220000t预分配配额量。

（2）配额量=供电配额量+供热配额量，计算机组的供电配额量和供热配额量：

1）选择适用的碳排放基准值和修正系数。

乙电厂机组是常规燃煤350MW发电机组，属于常规燃煤机组300MW级

及以下机组类别，由于机组没有供热量，不计算供热配额。2021 年和 2022 年供电基准值分别是 0.8773tCO_2/MWh 和 0.8729tCO_2/MWh。

机组是常规燃煤纯凝机组，适用负荷出力系数修正系数，2021 年负荷出力系数是 86%，大于 85%，负荷出力系数修正系数是 1；2022 年负荷出力系数是 80%，负荷出力系数修正系数=1+0.0014×(85−100F)=1.007。燃煤供热量修正系数=1−0.22×供热比。机组是开式循环，属于水冷机组，冷却方式修正系数是 1。

2）计算配额量，如果计算结果配额量带有小数，配额量直接取整，不进行四舍五入计算。

计算 2021 年时，即

配额量=供电配额量=供电量×供电碳排放基准值×冷却方式修正系数

×供热量修正系数×负荷出力系数修正系数

=2200000×0.8773×1×（1−0.22×0%）×1=1930060（t）

数据无小数位，2021 年机组配额量是 1930060t。

计算 2022 年时，即

配额量=供电配额量=供电量×供电碳排放基准值×冷却方式修正系数

×供热量修正系数×负荷出力系数修正系数

=2300000×0.8729×1×（1−0.22×0%）×［1+0.0014×（85−100×80%）］

=2300000×0.8729×1×1×1.007

=2021723.69（t）

数据取整后，2022 年机组配额量是 2021723t。

乙电厂配额总量=2021 年机组配额量+2022 年机组配额量

=1930060+2021723

=3951783（t）

乙电厂的计算配额量是 3951783t。

（3）履约盈亏量=应发配额总量−履约总量，履约总量是实际碳排放量，履约豁免不适用的情况下应发配额总量等于配额总量。

1）判断履约缺口上限是否适用。

计算 2021 年度时，即

2021 年度履约缺口上限=2021 年碳排放量×20%=2300000×20%=460000（t）

碳排放总量–配额总量=2300000–1930060=369940（t）（<460000t）

2021 年度履约未达到履约缺口上限适用标准。

2021 年度应发配额量=2021 年度配额总量。

计算 2022 年度时，即

2022 年度履约缺口上限=2022 年碳排放量×20%=2700000×20%=540000（t）

碳排放总量–配额总量=2700000–2021723=678277（t）（>540000t）

2022 年度履约达到履约缺口上限适用标准。

2022 年度应发配额量=2022 年度实际碳排放量×80%

=2700000×80%=2160000（t）

2）计算履约盈亏。

2021 年度履约盈亏量=应发配额总量–履约总量

=1930060–2300000=–369940（t）

2022 年度履约盈亏量=应发配额总量–履约总量

=2160000–2700000=–540000（t）

乙电厂的履约缺口量=2021 年度履约缺口量+2022 年度履约缺口

=369940+540000=909940（t）

乙电厂完成履约的履约配额缺口是 909940t。

二、常规燃煤空冷机组

甲集团下属有乙、丙 2 家电厂，乙电厂有 1 台 640MW 常规燃煤空冷机组；丙电厂是 1 台 330MW 非常规燃煤机组，冷却方式修正系数是 1。甲集团仅需履约 2022 年碳排放量，2022 年甲集团的碳排放和运行情况见表 1-17。

表 1-17　　2022 年甲集团碳排放量与运行情况

电厂名称	供电量（MWh）	供热量（GJ）	供热比	负荷出力系数	碳排放量（tCO_2）
乙电厂	3400000	370000	1.36%	76.00%	3100000
丙电厂	850000	250000	3.00%	65.40%	910000

问：（1）根据配额计算公式，甲集团的计算配额量是多少？

（2）甲集团履约配额盈亏量是多少？

（3）甲集团最多可获得多少预支配额量？

答：（1）配额量=供电配额量+供热配额量，分别计算 2 家电厂的供电配额量和供热配额量：

1）选择适用的碳排放基准值和修正系数。

乙电厂是 1 台常规燃煤 640MW 机组，其 2022 年度供电基准值和供热基准值分别是 $0.8177tCO_2/MWh$ 和 $0.1105tCO_2/GJ$；燃煤供热量修正系数=1−0.22×供热比；机组冷却方式是空冷，修正系数=1.05；适用负荷出力系数修正系数。负荷出力系数修正系数= 1.007+0.0016×（80−100×76%）=1.0134。

丙电厂机组是非常规燃煤 330MW 发电机组，其 2022 年度供电基准值和供热基准值分别是 $0.9303tCO_2/MWh$ 和 $0.1105tCO_2/GJ$；机组都是非常规燃煤机组，不适用负荷出力系数修正系数；燃煤供热量修正系数=1−0.22×供热比；机组冷却方式修正系数=1。

2）计算配额量，如果计算结果配额量带有小数，配额量直接取整，不进行四舍五入计算。

计算乙电厂时，即

配额量=供电配额量+供热配额量

=供电量×供电碳排放基准值×冷却方式修正系数×供热量修正系数×负荷出力系数修正系数+供热量×供热碳排放基准值

=3400000×0.8177×1.05×(1−0.22×1.36%)×1.0134+370000×0.1105

=2949454.88+40885

=2990339.88（t）

数据取整后，乙电厂的计算配额量是 2990339t。

计算丙电厂时，即

配额量=供电配额量+供热配额量

=供电量×供电碳排放基准值×冷却方式修正系数×供热量修正系数+供热量×供热碳排放基准值

=850000×0.9303×1×(1−0.22×3%)+250000×0.1105

=785536.02+27625

=813161.02（t）

数据取整后，丙电厂的计算配额量是 813161t。

甲集团配额总量=乙电厂配额量+丙电厂配额量

=2990339+813161

=3803500（t）

甲集团的计算配额量是3803500t，乙电厂的计算配额量是2990339t，丁电厂的计算配额量是813161t。

（2）履约盈亏量=应发配额总量–履约总量，履约总量是实际碳排放量，履约豁免不适用的情况下应发配额总量等于配额总量。

1）判断履约缺口上限是否适用。

计算乙电厂时，即

配额盈缺率=（配额总量–碳排放总量）/碳排放总量

=（2990339–3100000）/3100000=–109661/3100000=–3.54%

配额缺口率未超过20%，乙电厂履约未达到履约缺口上限适用标准。

乙电厂应发配额量=配额总量=2990339t。

计算丙电厂时，即

配额盈缺率=（配额总量–碳排放总量）/碳排放总量

=（813161–910000）/910000=–96839/910000=–10.64%

配额缺口率未超过20%，丙电厂履约未达到履约缺口上限适用标准。

丙电厂应发配额量=配额总量=813161t。

2）计算配额盈亏。

乙电厂履约配额盈亏量=应发配额量–履约总量=813161–910000=–109661（t）

丙电厂履约配额盈亏量=应发配额量–履约总量=1785267–2210000=–96839t（t）

甲集团履约配额缺口量=109661+96839=206500（t）

（3）配额预支，对配额缺口率在10%及以上的重点排放单位，确因经营困难无法完成履约的，可从2023年度预分配配额中预支部分配额完成履约，预支量不超过配额缺口量的50%。

由于乙电厂配额缺口率低于10%，不符合履约灵活机制规定，不能预支2023年度配额。丙电厂配额缺口率高于10%，符合履约灵活机制规定，可以预支2023年度配额，最多可以预支配额缺口量的50%。

丙电厂最大配额预支量=履约配额缺口量×50%=96839×50%=48419.5（t）

预支配额取整后，丙电厂最大配额预支量是48419t。

甲集团最多可获得48419t预支配额量。

第五节　案例二：2019—2020年碳排放量计算与碳排放配额计算

本节以2019—2020年履约周期为背景，按照《企业温室气体排放核算与报告指南　发电设施》《2019—2020年全国碳排放权交易配额总量设定与分配实施方案（发电行业）》中的碳排放量核算与碳排放配额分配要求，以某热电厂在2019—2020年的生产实际情况为例，分析在相同机组生产条件下，用煤进行元素碳含量实测和未实测对热电厂2019—2020年度碳排放量和碳排放配额的影响。

一、碳排放量计算

（一）化石燃料燃烧碳排放量计算

1. 已对煤量进行元素碳含量实测案例

若某热电厂在2019—2020年对燃烧的煤量进行了元素碳含量实测，天然气与柴油均未实测，其2019—2020年的碳排放基本数据见表1-18。

表1-18　　某电厂2019—2020年化石燃料使用情况

年用煤量（t）	收到基水分（%）	空干基水分（%）	空气干燥基碳（%）	用煤碳排放量（tCO_2）
876843	16	3.1	48.55	1339694
年用柴油量（t）	**柴油低位发热量（GJ/t）**	**单位热值含碳量（tC/GJ）**	**碳氧化率（%）**	**用柴油碳排放量（tCO_2）**
255	42.652	0.0202	98	788.96
年用天然气量（10^4Nm^3）	**天然气低位发热量（$GJ/10^4Nm^3$）**	**单位热值含碳量（tC/GJ）**	**碳氧化率（%）**	**用天然气碳排放量（tCO_2）**
140	389.31	0.01532	99	3031.02

由以上公式与数据可得（由于柴油与天然气均未进行元素碳含量实测，因此取表 1-12 的默认值）

收到基元素碳含量 = 0.4855 × (100 − 16)/(100 − 3.1) ≈ 0.420867（tC/t）

因此，得到

用煤碳排放量=876843×0.420867×0.99×44/12≈1339694（tCO_2）

用柴油碳排放量=255×42.652×0.0202×0.98×44/12≈788.96（tCO_2）

用天然气碳排放量=140×389.31×0.01532×0.99×44/12≈3031.02（tCO_2）

化石燃料燃烧总碳排放量=1339694+788.96+3031.02=1343513.98（tCO_2）

2. 未对煤量进行元素碳含量实测案例

若该热电厂对燃烧的煤、天然气与柴油均未进行元素碳含量实测，其 2019—2020 年的碳排放基本数据则均采用默认值，见表 1-19（天然气与柴油与表 1-18 相同）。

表 1-19　　未开展用煤元素碳含量实测时默认值

年用煤量（t）	燃煤低位发热量（GJ/t）	单位热值含碳量（tC/GJ）	碳氧化率（%）	用煤碳排放量（tCO_2）
876843	26.7	0.03356	99	2852233

由以上公式与数据可得

收到基元素碳含量=26.7×0.03356=0.8961（tC/t）

因此用煤碳排放量=876843×0.8961×0.99×44/12≈2852233（tCO_2）

用柴油碳排放量=255×42.652×0.0202×0.98×44/12≈788.96（tCO_2）

用天然气碳排放量=140×389.31×0.01532×0.99×44/12≈3031.02（tCO_2）

化石燃料燃烧总碳排放量=2852233+788.96+3031.02=2856052.98（tCO_2）

（二）外购电力碳排放量计算

年外购电力 5000MWh 的碳排放量见表 1-20。

表 1-20　　年外购电力 5000MWh 的碳排放量

年外购电量（MWh）	全国电网排放因子（tCO_2/MWh）	外购电力碳排放量（tCO_2）
5000	0.5810	2905

由外购电力碳排放计算公式可得

外购电力碳排放量=5000×0.5810=2905（tCO_2）

因此若该热电厂对燃烧的煤量进行了元素碳含量实测的情况下，则

该电厂总 CO_2 年排放量=化石燃料燃烧碳排放量+外购电力碳排放量

=1343513.98+2905=1346418.98（tCO_2）

若该热电厂未对燃烧的煤量进行元素碳含量实测的情况下，则

该电厂总 CO_2 年排放量=化石燃料燃烧碳排放量+外购电力碳排放量

=2856052.98+2905=2858957.98（tCO_2）

对比用煤进行元素碳含量实测与未实测计算碳排放量结果可知，未对用煤进行元素碳含量测量会导致碳排放量大幅增多。

二、碳排放配额计算

假设上述电厂机组类型为 300MW 常规燃煤热电联产机组，凝汽器的冷却方式是水冷，机组年运行小时数为 7406h，此电厂年发电量为 120330.47 万 kWh，年供电量为 112084.25 万 kWh，年供热量为 2154376.62GJ，机组供热比为 19.67%，则由机组供电碳排放配额公式可得

机组负荷系数=120330.47×10/(300×7406)≈54.16%

机组负荷（出力）系数修正系数=$1.015^{16-20\times0.5416}$≈1.08

机组供电 CO_2 配额=112084.25×10×0.979×1×(1−0.22×0.1967)×1.08

≈1133805.62（tCO_2）

机组供热 CO_2 配额=2154376.62×0.126≈271451.45（tCO_2）

机组碳排放配额总量=1133805.62+271451.45≈1405257（tCO_2）

若上述电厂进行了用煤碳元素实测，则其履约后，得到

碳排放配额剩余量=机组配额总量−该电厂总 CO_2 年排放量

=1405257.07−1346418.98=58838（tCO_2）

若此电厂未开展用煤碳元素实测，则其要完成履约，得到

碳排放配额缺口量=该电厂总 CO_2 年排放量−机组配额总量

=2858957.98−1405257.07≈1453700（tCO_2）

在电厂机组使用条件相同的情况下，用煤碳元素实测和未实测的总年二氧

化碳排放量相差约 1512539tCO_2，总分配的碳排放配额相同。因此，将该电厂的二氧化碳总排放量和碳配额分配量进行加减，有两种不同的结果：开展用煤碳元素实测，碳排放配额剩余量 58838tCO_2；未开展碳元素实测，碳排放配额缺口量 1453700tCO_2。按照 2021 年 7 月全国碳交易市场开启后碳排放配额价格 42 元/t 计算，在碳履约的成本上相差超 6000 万元。

第二章

碳排放报告线上填报及现场核查

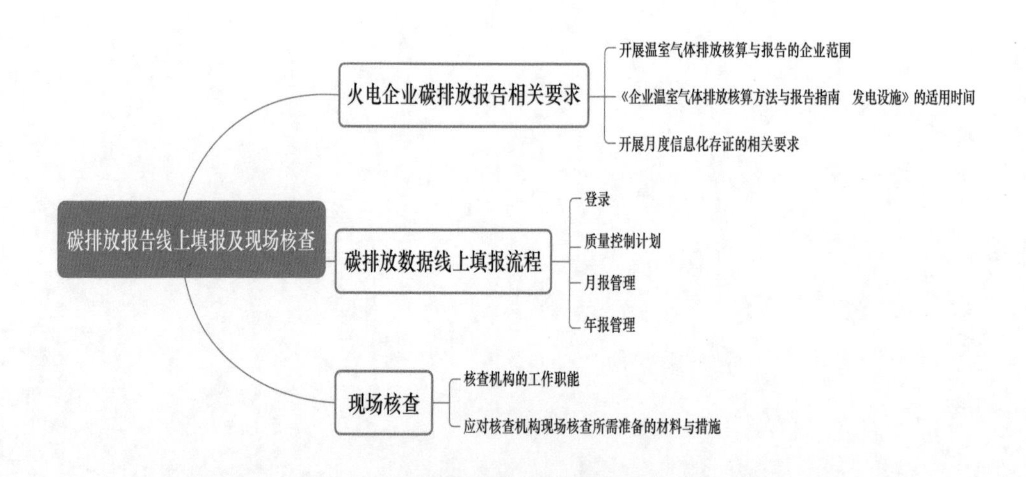

第一节　火电企业碳排放报告相关要求

一、开展温室气体排放核算与报告的企业范围

2019—2020年度履约周期中，根据《碳排放权交易管理办法（试行）》规定和《2019—2020年全国碳排放权交易配额总量设定与分配实施方案（发电行业）》要求，被纳入重点排放单位的范围为发电行业的2013—2020年任一年温室气体排放量达2.6万t二氧化碳当量（综合能源消费量约1万t标准煤）及以上的企业或其他经济组织。

2021—2022年度履约周期中，根据《关于做好2022年企业温室气体排放报告管理相关重点工作的通知》和《企业温室气体排放核算方法与报告指南　发电设施》，规定2020年和2021年任一年温室气体排放量达2.6万t二氧化碳当量（综合能源消费量约 1 万 t 标准煤）及以上的发电行业企业或其他经济组织（火力发电、热电联产、生物质能发电），需要开展年度温室气体排放核算和报告工作。符合上述年度排放量要求的自备电厂（不限行业）视同发电行业重点排放单位管理。

二、《企业温室气体排放核算方法与报告指南　发电设施》的适用时间

2019—2020 年度、2021 年度以及 2022 年 1—3 月按照《企业温室气体排放核算方法与报告指南　发电设施》（环办气候〔2021〕9 号）要求开展温室气体排放核算、编制排放报告。自 2022 年 4 月起，发电行业重点排放单位按《企业温室气体排放核算方法与报告指南　发电设施（2022 年修订版）》要求，通过环境信息平台（http：//permit.mee.gov.cn）进入全国排污许可证管理平台进行网上申报，更新数据质量控制计划并组织实施。在 2023 年 2 月 7 日全国生态环境部办公厅发布的《关于做好 2023—2025 年发电行业企业温室气体排放报告管理有关工作的通知》，重点排放单位的温室气体排放填报、公开信息等工作将由原先的环境信息平台搬迁至全国碳市场管理平台（https：//www.cets.org.cn/）。

生态环境部发布的最新全国电网排放因子，2022 年度为 0.5703tCO_2/MWh，2023 年度和 2024 年度为 0.5568tCO_2/MWh。

三、开展月度信息化存证的相关要求

根据《碳排放权交易管理办法（试行）》，企业温室气体排放报告所涉数据的原始记录和管理台账应当至少保存 5 年。为加强数据质量管理，尽早发现问题、尽早解决问题，在每月结束后 40 日内，通过“全国碳市场管理平台”对以下台账和原始记录进行存证。月度信息化存证的信息，无需在年度报告中重复填报。

（1）与碳排放量核算相关的参数数据及其盖章版台账记录扫描文件，包括但不限于发电设施月度燃料消耗量、燃料低位发热量、元素碳含量、购入使用电量等在核算中适用的相关参数数据。

（2）通过具有 CMA 或 CNAS 资质的检验检测机构对元素碳含量等参数进

行检测的，应同时检测同一样品的元素碳含量、低位发热量、氢含量、全硫、水分等参数，并存证加盖 CMA 资质认定标志或 CNAS 认可标识章的检验检测报告扫描文件。

（3）与配额核算与分配相关的生产数据及其盖章版台账记录扫描文件，包括但不限于月度供电量、供热量、机组负荷（出力）系数等相关参数。

鼓励地方组织有条件的发电行业重点排放单位探索开展自动化存证，加强样品自动采集与分析技术应用，采取创新技术手段，加强原始数据防篡改管理。

（4）信息公开要求。发电行业重点企业依法开展信息公开，按照《企业温室气体排放核算方法与报告指南　发电设施》的信息公开格式要求，在 2022 年 3 月 31 日前通过“环境信息平台”公布全国碳市场第一个履约周期（2019—2020 年度）经核查的温室气体排放相关信息。如相关信息涉及国家秘密和商业秘密，企业应依据《保守国家秘密法》和《反不正当竞争法》等有关法律法规向省级生态环境部门提供证明材料，删减相关涉密信息后公开其余信息。

（5）启用全国碳市场管理平台。2023 年 2 月 4 日起，省级生态环境部门根据确定的重点排放单位名录，向管理平台申请开立重点排放单位账户，并将登录名及初始密码告知重点排放单位，将原先的温室气体排放填报、公开信息等工作，由环境信息平台搬迁至全国碳市场管理平台中。企业温室气体排放报告存证参数见表 2-1。

表 2-1　　企业温室气体排放报告存证参数

序号	类别	具体参数
1	碳排放量核算相关参数	发电设施月度燃料消耗量、燃料低位发热量、元素碳含量、购入使用电量
2	检验检测机构检测参数	同一样品的元素碳含量、低位发热量、氢含量、全硫、水分等参数
3	配额核算与分配相关生产数据	月度供电量、供热量、机组负荷（出力）系数等相关参数
4	信息公开要求	公布全国碳市场第一个履约周期（2019—2020 年度）经核查的温室气体排放相关信息

第二节　碳排放数据线上填报流程

一、登录

1．企业登录

企业用户打开“全国碳市场信息综合门户”（https：//www.cets.org.cn/），选择【重点排放单位】之后，企业点击登录页面，输入用户名和密码访问全国碳市场管理平台系统，全国碳市场信息综合门户界面如图 2-1 所示，全国碳市场管理平台重点排放单位登录页面如图 2-2 所示。

图 2-1　全国碳市场信息综合门户界面

企业用户进入系统首页后，如图 2-3 所示，按步骤分为【质量控制计划】【月报管理】【年报管理】【核查管理】【抽查整改】【配额管理】【实时工况】【综合分析】八大模块，如图 2-3 所示。

图 2-2　重点排放单位登录页面

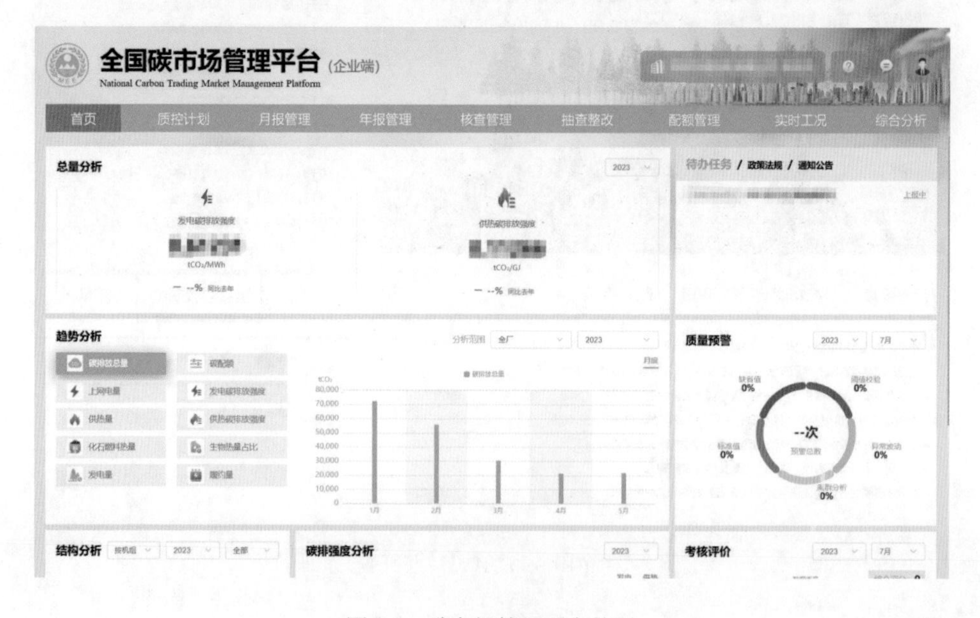

图 2-3　碳市场管理平台首页

2．企业注册

企业用户通过“全国碳市场信息综合门户”中的“重点排放单位”板块，采用单点登录，实现统一认证。系统采用名单准入制管理，纳入重点排放管理单位，且由管理部门在“全国碳市场信息综合门户—主管部门”录入重点管理单位清单。录入后，重点管理单位可通过全国碳市场信息综合门户【重点排放单位】，选择【用户登录】模块进入全国碳市场管理平台。

二、质量控制计划

1．列表页

企业在模块界面点击【质量控制计划】进入质量控制计划列表页。重点排放单位结合现有监测能力和条件，应按照《温室气体排放核算方法与报告指南》中各类数据监测和获取的要求，制订质量控制计划。企业首次编制质量控制计划时，可进入对应年份的质量控制计划填写页面进行编辑。该列表显示了该公司以前的所有版本的质量控制计划和修订内容，如图 2-4 所示。

图 2-4　质量控制计划界面

若提交的质量控制计划被管理端退回，可以直接进行修改，修改后再次提交；还可以点击【审核记录】查看审核意见及修订的记录。经过省相关管理部门审核通过后的质量控制计划，如需要申请修改，则需要点击【申请修订】进行申请，如图 2-5 所示。

2．企业基本信息

企业基本信息默认从“国家排污许可证管理信息平台”信息中引入，其中企业名称、代码类型、统一社会信用代码、排污许可证编号不可修改，其余部分均可修改。

图 2-5 审核意见

企业生产信息填报内容包括主营产品及工艺图、排放设施信息、核算边界和主要排放设施描述、多台机组拆分与合并填报描述、煤炭元素碳含量、低位发热量等参数采制样方案、数据内部质量控制和质量保证相关规定，所填报的内容必须上传相关附件。企业基本信息填报界面如图 2-6 所示。

图 2-6 企业基本信息填报界面（一）

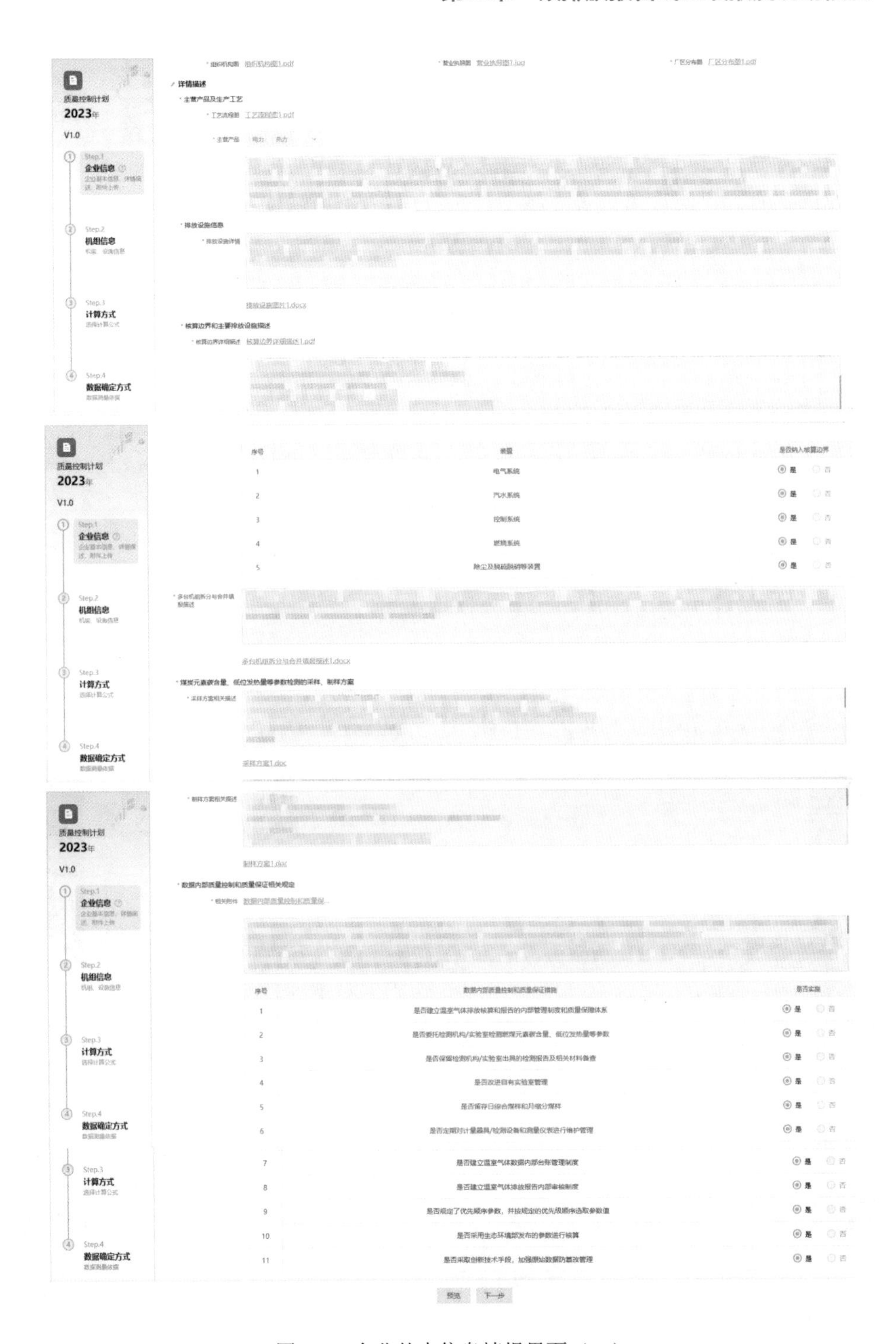

图 2-6　企业基本信息填报界面（二）

3. 机组信息

机组信息页面需要企业填报发电机组的相关信息，包括机组名称、发电燃料类型、装机容量等。首次填写时，机组名称、装机容量等列表数据需按照机组铭牌信息、排污许可证等支撑文件进行填报，如图 2-7 所示。

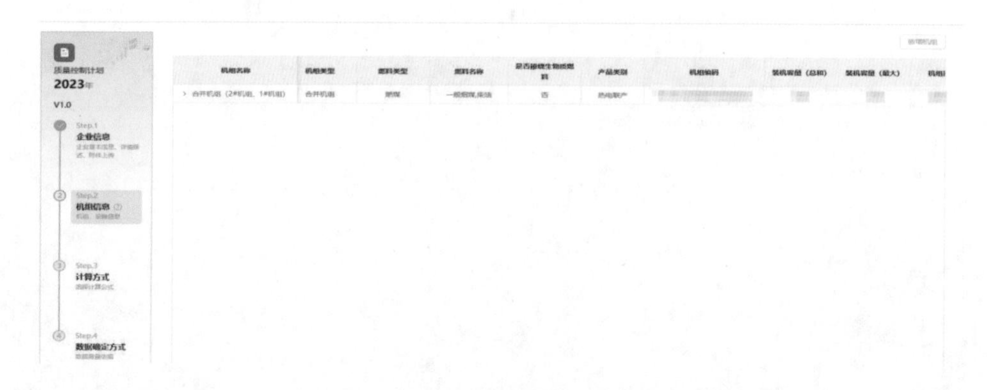

图 2-7 机组信息

如图 2-8 所示，点击【新增机组】按钮，企业可在出现的弹框中新增机组。用户填入信息，点击【确定】按钮即可新增成功。

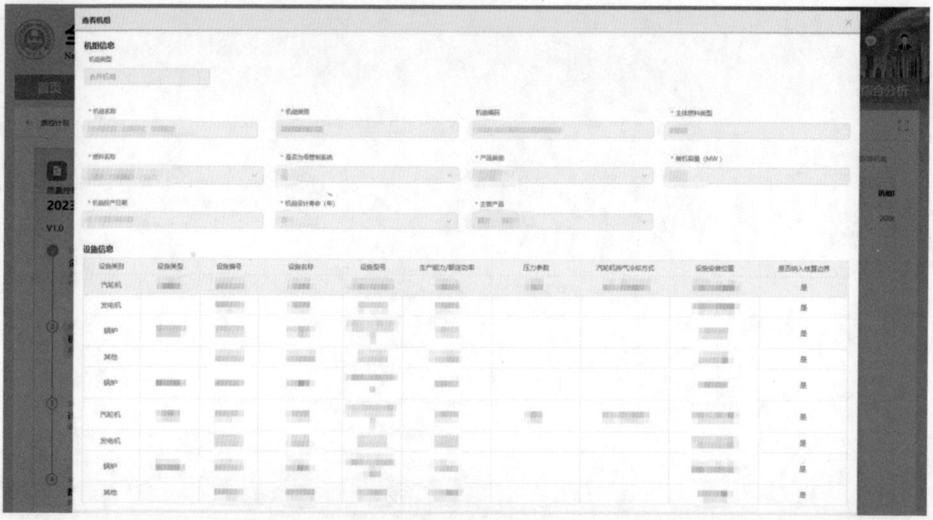

图 2-8 新增机组

机组名称选择范围是排污许可证对应行业全部生产单元名称、其他及合并填报。若选择【其他】，机组名称则自行填写；若企业未取得排污许可证，需要自行输入填写。

（1）常规填报。

机组详细类型根据机组类型显示，若机组类型选择【燃煤机组】，机组详细类型为：循环流化床机组、煤矸石机组、水煤浆机组、其他非常规燃煤机组、常规燃煤机组；若选择【燃气机组】，则机组详细类型为：B 级、E 级、F 级、H 级、分布式、内燃机；若机组类型不是燃煤机组或燃气机组，则机组详细类型显示“/”，无需填写。

燃料名称点击下划按钮，显示燃料名称，可多选。

装机容量中只能输入数字。

数据来源若选择【其他】，数据来源则自行填写。

（2）合并填报。

合并填报时，应将原先自动引入的机组信息删除，并点击【新增】按钮，机组名称选择【合并填报】，合并填报的范围选择机组，此处可多选。

纳入合并填报的机组，需在弹出窗口逐个填写机组信息，包括机组类型、机组类型细分、发电燃料类型、装机容量，合并填报的机组信息将根据以下规则形成合并机组类型、合并机组类型细分、合并机组发电燃料类型、合并机组装机容量。

1）机组类型。

燃煤机组+燃气机组，显示：燃气机组。

燃煤机组+燃煤机组，显示：燃煤机组。

燃气机组+燃气机组，显示：燃气机组。

燃煤机组+燃油或 IGCC 或其他，显示：燃煤机组。

燃气机组+燃油或 IGCC 或其他，显示：燃气机组。

燃油或 IGCC 或其他+燃油或 IGCC 或其他，显示：其他。

2）燃煤机组类型细分。

常规燃煤机组+非常规燃煤机组，显示：常规燃煤机组。

常规燃煤机组+常规燃煤机组，显示：常规燃煤机组。

非常规燃煤机组+非常规燃煤机组，显示：非常规燃煤机组。

若为燃气机组，机组类型细分，显示：/。

3）装机容量。

装机容量以合并的几个机组中的最大装机容量表示。

4. 计算方式

计算方式页面需要企业确定化石燃料燃烧排放计算公式，如图 2-9 所示。

图 2-9 计算方式表

5. 数据确定方式

重点排放单位所有活动数据和排放因子计算方法、数据获取方式、相关监测测量设备信息（如测量设备的型号、位置、监测频次、精度和校准频次等）、数据缺失处理、数据记录及管理信息等内容制订质量控制计划时，监测设备精度和设备校准频率的要求应符合相应测量仪器配备的要求，如图 2-10 所示。

通过下划的方式在页面上输入所有应确定的数据，测量设备、监测频次、规定的监测设备校准频次、数据记录频次等按照国家标准及企业生产情况进行填写。

系统中碳氧化率采用《企业温室气体排放核算方法与报告指南》中的缺省值，电网排放因子采用 0.5810tCO_2/MWh，或生态环境部发布的最新数值。

6. 修订说明

出现下列情况时，重点排放单位应修改监测计划，修改内容应符合实际情况，并满足《企业温室气体排放核算方法与报告指南》的要求：

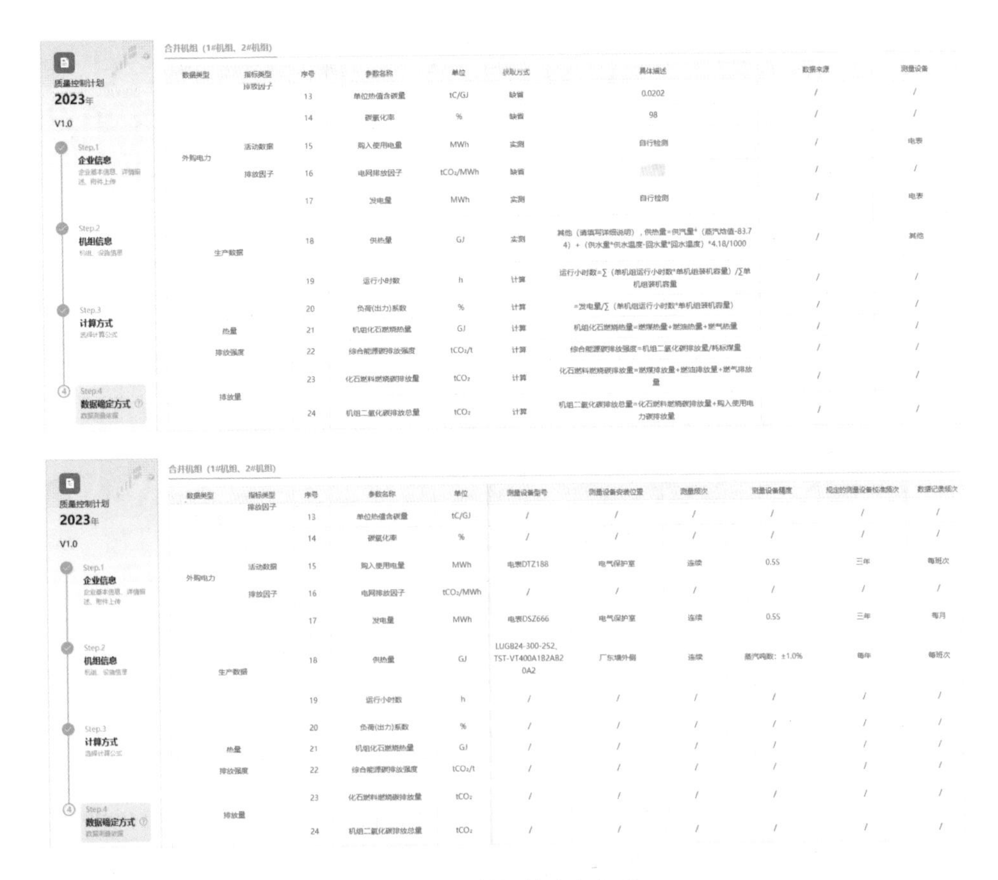

合并机组（1#机组、2#机组）

数据类型	指标类型	序号	参数名称	单位	获取方式	具体描述	数据来源	测量设备
	排放因子	13	单位热值含碳量	tC/GJ	缺省	0.0202	/	/
		14	碳氧化率	%	缺省	98	/	/
外购电力	活动数据	15	购入使用电量	MWh	实测	自行检测	/	电表
	排放因子	16	电网排放因子	tCO_2/MWh	缺省		/	/
		17	发电量	MWh	实测	自行检测	/	电表
	生产数据	18	供热量	GJ	实测	其他（请填写详细说明），供热量=供汽量*（蒸汽焓值-83.74）+（供水量*供水温度-回水量*回水温度）*4.18/1000	/	其他
		19	运行小时数	h	计算	运行小时数=∑（单机组运行小时数*单机组装机容量）/∑单机组装机容量	/	/
		20	负荷(出力)系数	%	计算	=发电量/∑（单机组运行小时数*单机组装机容量）	/	/
	热量	21	机组化石燃烧热量	GJ	计算	机组化石燃烧热量=燃煤热量+燃油热量+燃气热量	/	/
	排放强度	22	综合能源碳排放强度	tCO_2/t	计算	综合能源碳排放强度=机组二氧化碳排放量/耗标煤量	/	/
	排放量	23	化石燃料燃烧碳排放量	tCO_2	计算	化石燃料燃烧碳排放量=燃煤排放量+燃油排放量+燃气排放量	/	/
		24	机组二氧化碳排放总量	tCO_2	计算	机组二氧化碳排放总量=化石燃料燃烧碳排放量+购入使用电力碳排放量	/	/

合并机组（1#机组、2#机组）

数据类型	指标类型	序号	参数名称	单位	测量设备型号	测量设备安装位置	测量频次	测量设备精度	规定的测量设备校准频次	数据记录频次
	排放因子	13	单位热值含碳量	tC/GJ	/	/	/	/	/	/
		14	碳氧化率	%	/	/	/	/	/	/
外购电力	活动数据	15	购入使用电量	MWh	电表DTZ188	电气保护室	连续	0.5S	三年	每班次
	排放因子	16	电网排放因子	tCO_2/MWh	/	/	/	/	/	/
		17	发电量	MWh	电表DSZ666	电气保护室	连续	0.5S	三年	每月
	生产数据	18	供热量	GJ	LUGB24-300-252、TST-VT400A1B2AB20A2	厂东墙外侧	连续	蒸汽吨数：±1.0%	每年	每班次
		19	运行小时数	h	/	/	/	/	/	/
		20	负荷(出力)系数	%	/	/	/	/	/	/
	热量	21	机组化石燃烧热量	GJ	/	/	/	/	/	/
	排放强度	22	综合能源碳排放强度	tCO_2/t	/	/	/	/	/	/
	排放量	23	化石燃料燃烧碳排放量	tCO_2	/	/	/	/	/	/
		24	机组二氧化碳排放总量	tCO_2	/	/	/	/	/	/

图 2-10 数据的确定方式

（1）排放设施发生变化或使用计划中未包括的新燃料或物料而产生的新排放；

（2）采用新的测量仪器和测量方法，使数据的准确度提高；

（3）发现之前采用的监测方法所产生的数据不正确；

（4）发现更改计划可提高报告数据的准确度；

（5）发现计划不符合核算和报告指南的要求；

（6）其他生态环境部明确需要修改的情况。

对于存在已通过的质量控制计划，且存在上述情况需要监测计划修订的企业，可以在列表页面再次点击【申请修订】按钮，企业根据需要修改、保存和提交，如图 2-11 所示。

进行监测计划修订时，需要填写修订内容。

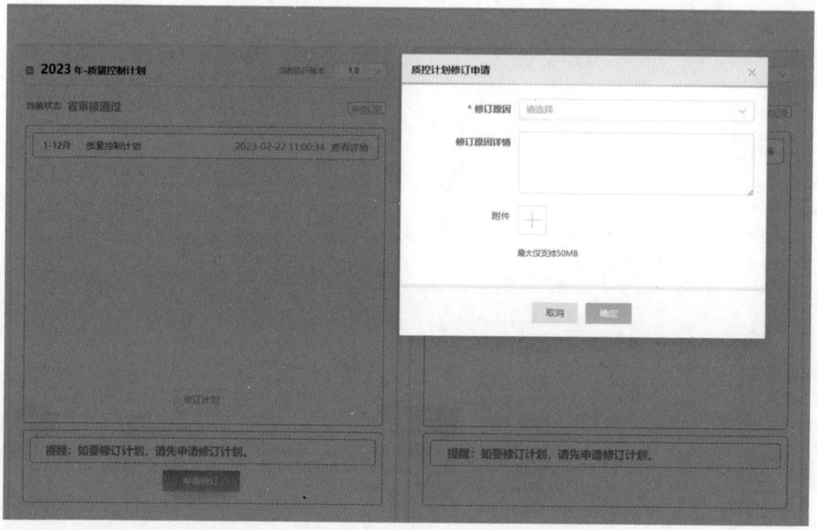

图 2-11　修订说明

三、月报管理

1. 列表页

如图 2-12 所示，企业在模块选择页点击【月报管理】，即可进入排放报告月报报送列表页。重点排放单位应按照《企业温室气体排放核算方法与报告指南》中的要求，如实填报企业温室气体排放及相关信息。

图 2-12　月报报送列表

列表页面显示企业的所有排放报告。用户可以在列表页面点击【填写月报】按钮，弹出需填写月报报表的窗口，如图 2-13 所示。

图 2-13　月报报表窗口

2. 月度排放报告填报

企业按照要求填写月度排放报告，填写内容如图 2-14～图 2-19 所示。

年 月碳排放数据月报表

燃料类型	指标类型	序号	指标名称	机组数据	小数位数	单位	数据获取方式	数据来源	附件材料
			机组本月运行状态	运行	/	/	/	/	/
一般烟煤	活动数据	2	消耗量	请输入	2位小数	t	实测	生产系统记录的入炉煤计量数据	
	排放因子	3	收到基水分	请输入	1位小数	%	实测	每日入炉煤检测数据加权计算得到	
		4	空干基水分	请输入	2位小数	%	实测	每月缩分样检测得到	
		5	收到基元素碳含量		4位小数	tC/t	计算	/	
		6	空干基元素碳含量	请输入	4位小数	tC/t	实测	/	
		7	收到基低位发热量	请输入	3位小数	GJ/t	实测	入炉煤检测数值	
		8	单位热值含碳量		5位小数	tC/GJ	计算	/	
		9	碳氧化率	99	0位小数	%	缺省	/	
		10	收到基氢含量	请输入	2位小数	%	实测	每月缩分样检测得到	
		11	收到基全硫	请输入	2位小数	%	实测	每日入炉煤检测数据加权计算得到	
	热量	12	化石燃料热量		2位小数	GJ	计算	/	
	排放量	13	化石燃料燃烧排放量		2位小数	tCO_2	计算	/	
柴油	活动数据	14	消耗量	请输入	2位小数	t	其他	/	
	排放因子	15	元素碳含量		4位小数	tC/t	计算	/	
		16	低位发热量	42.652	3位小数	GJ/t	缺省	/	
		17	单位热值含碳量	0.0202	5位小数	tC/GJ	缺省	/	
		18	碳氧化率	98	0位小数	%	缺省	/	
	热量	19	化石燃料热量		2位小数	GJ	计算	/	
	排放量	20	化石燃料燃烧排放量		2位小数	tCO_2	计算	/	

图 2-14　化石燃料数据填报

（1）化石燃料部分：化石燃料消耗量、收到基水分、空干基水分、空干基元素碳含量、收到基低位发热量、单位热值含碳量、收到基氢含量、收到基全硫；根据企业编制的数据质量控制计划情况，收到基元素碳含量、单位热值含碳量、碳氧化率、化石燃料热量、燃烧排放量可由系统进行自动计算或使用系统直接带入《企业温室气体排放核算方法与报告指南》中的缺省值。

（2）外购电力部分：此处填报购入使用电量。

燃料类型	指标类型	序号	指标名称	机组数据	小数位数	单位	数据获取方式	数据来源	附件材料
外购电力		21	购入使用电量	请输入	3位小数	MWh	实测	/	
		22	电网排放因子	0.5703	4位小数	tCO_2/MWh	缺省	/	
		23	购入使用电力排放量		2位小数	tCO_2	计算	/	

图 2-15　外购电力填报

（3）生产数据部分：发电量、上网电量、供热量、供热比、发电煤（气）耗、供热煤（气）耗、运行小时数。

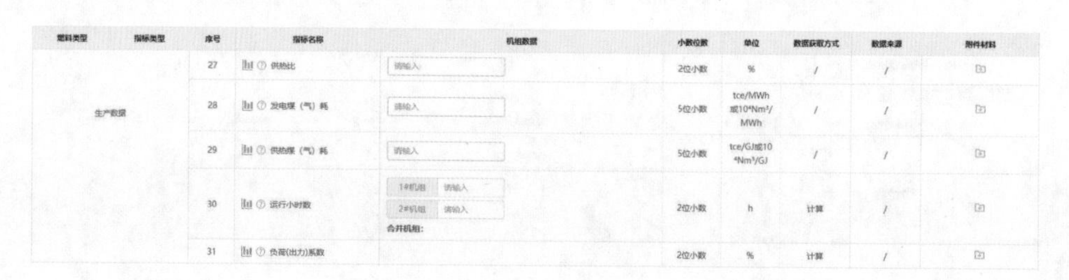

燃料类型	指标类型	序号	指标名称	机组数据	小数位数	单位	数据获取方式	数据来源	附件材料
生产数据		27	供热比	请输入	2位小数	%	/	/	
		28	发电煤（气）耗	请输入	5位小数	tce/MWh或$10^4Nm^3/MWh$	/	/	
		29	供热煤（气）耗	请输入	5位小数	tce/GJ或$10^4Nm^3/GJ$	/	/	
		30	运行小时数	1#机组 请输入 2#机组 请输入 合并机组:	2位小数	h	计算	/	
		31	负荷(出力)系数		2位小数	%	计算	/	

图 2-16　生产数据填报

（4）排放强度部分：发电碳排放强度、供热碳排放强度。

燃料类型	指标类型	序号	指标名称	机组数据	小数位数	单位	数据获取方式	数据来源	附件材料
化石燃料热量		32	机组化石燃料热量		2位小数	GJ	计算	/	
排放量		33	机组化石燃料燃烧排放量		2位小数	tCO_2	计算	/	
		34	机组二氧化碳排放量		0位小数	tCO_2	计算	/	
排放强度		35	发电碳排放强度	请输入	4位小数	tCO_2/MWh	/	/	
		36	供热碳排放强度	请输入	4位小数	tCO_2/GJ	/	/	

暂存　一键计算

图 2-17　排放强度数据填报

（5）煤炭来源部分：煤种，煤炭购入量。

（6）数据确认方式部分：按照质量控制计划要求填写自行检测、委托检测、未检测（缺省值）部分。

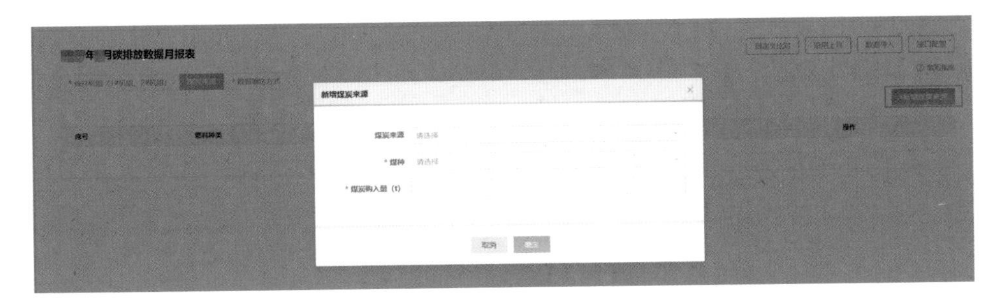

图 2-18　煤炭来源数据填报

年 月碳排放数据月报表

自定义比对　沿用上月　数据导入　接口配置

填写指南

* 合并机组（1#机组、2#机组）　煤炭来源　数据确定方式

机组名称	燃料名称	参数名称	自行检测				委托检测					未检测
			检测设备	检测频次	设备校准频次	测定方法标准	委托机构名称	委托机构社会信用代码	检测报告编号	检测日期	测定方法标准	缺省值
合并机组（1#机组、2#机组）	一般烟煤	元素碳含量	请输入	请选择	请选择	请输入	请输入	请输入	请输入	请选中日期	请输入	请输入
	一般烟煤	低位发热量	发热量测量仪	每天	每年	请输入	/	/	/	/	/	/
	柴油	元素碳含量	请输入	请选择	请选择	请输入	请输入	请输入	请输入	请选中日期	请输入	请输入
	柴油	低位发热量	请输入	请选择	请选择	请输入	请输入	请输入	请输入	请选中日期	请输入	请输入

图 2-19　数据确认方式填报

在填写报告的过程中，如果需要保留当前内容并中途退出，可以点击填写页面底部的【暂存】按钮，再次填写报告时，用户可以点击相应报表的【填写月报】按钮继续修改和填写信息。

企业填写完成其他参数后，点击表格下方【一键计算】，系统会自动计算对应的数值，计算出来的数值不可修改，但如果变更相关填报数据，再次点击【一键计算】，则会覆盖之前的计算值。

确认数据填报无误后，企业必须在数据后方添加附件材料，如图 2-20 所示，包括企业生产报表、检测机构元素碳检测报告、供热比计算过程、运行小时数（负荷出力系数）计算过程等文件，加盖公章后扫描上传。

企业提交的排放报告分为填报员和审核员账号，填报员填报完毕后，点击下方【提交内部审核】，将提交给审核员，审核员确认无误后，推送给市管理部门确认。管理人员在后台审核后有问题可退回企业，企业可重新登录系统，点击【填写】按钮，编辑并再次提交，也可以点击【审核记录】按钮查看退回的意见，如图 2-21、图 2-22 所示。

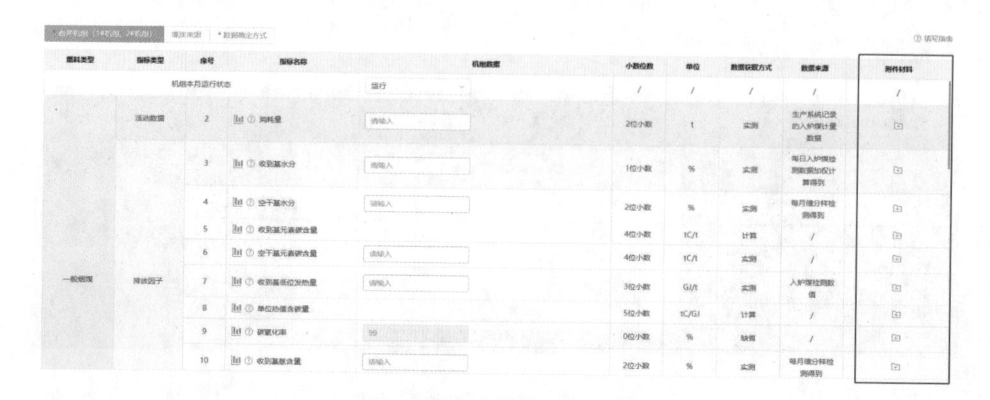

图 2-20 附件材料上传

图 2-21 提交内部审核

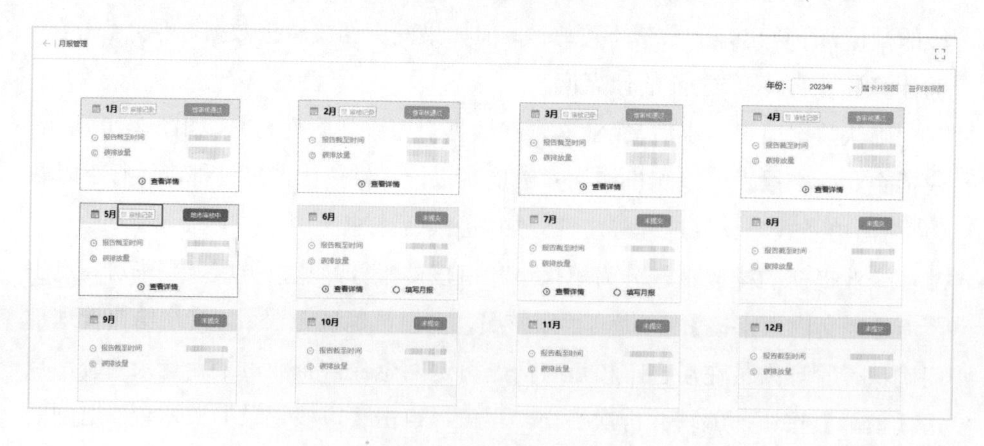

图 2-22 查看修改意见

四、年报管理

1. 列表页

重点排放单位当年的月报全部经省审核通过后，系统自动生成年度温室气体排放报告。企业在模块选择页点击【年报管理】，即可进查看年度报告，如图 2-23 所示。

图 2-23　“年报管理”界面

2. 详情页

点击年度报告中的【年报管理】，即可进入年报管理，企业需确认基本信息、燃料信息、购入使用电力、生产数据、数据确定方式、生产设施、附件材料等信息，如有误可进行修改。基本信息填报如图 2-24 所示。

图 2-24　基本信息填报

3. 修改及提交年报

由于 2022 年度的排放报告已经提交至省审核并确认完毕，仅提供【报告下载】功能，如图 2-25 所示。

实际操作步骤如下：企业在左侧 7 个模块中进行核对和修改后，点击【一键计算】，进行再次核对，如自动计算的数值有误，可直接手动修改计算结果，但如果再次点击【一键计算】，将会重新计算，并覆盖之前手动修改的计算结果（一键计算功能需谨慎使用）。

点击下方【暂存】后，点击【生成年报】，企业可下载年度报告，将下载的年报进行盖章后扫描上传至平台，企业填报员提交至企业审核员确认，再传递至地市主管部门，确认后传递至省级主管部门，通过后，完成年报提交。若地市主管部门或省级部门不通过企业上传的年报，企业需按照退回意见修改对应月报，并重复以上操作，直至通过。

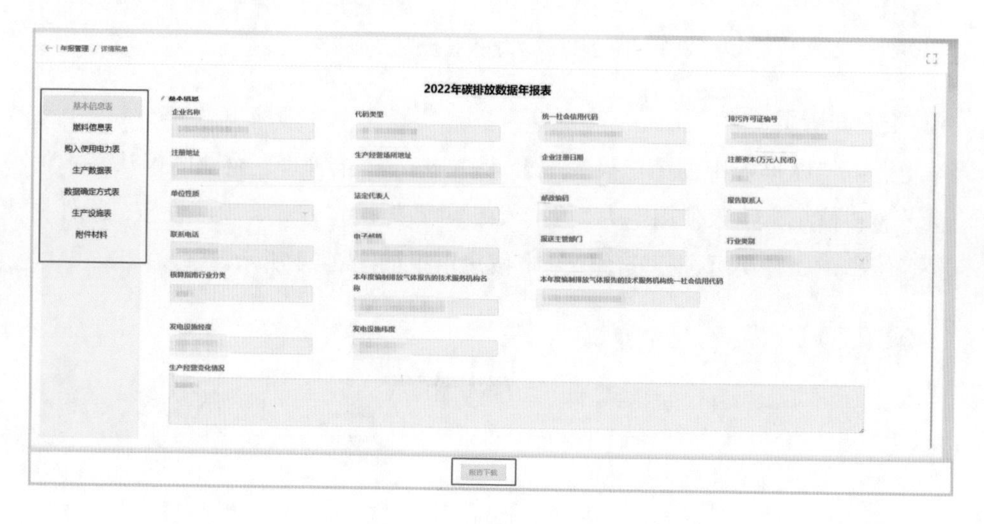

图 2-25 修改及提交年报

4. 公开年报

2022 年及之前的年报公开为之前的环境信息平台进行公开和查看，根据国家生态环境部办公厅发布的《关于做好 2023—2025 年发电行业企业温室气体排放报告管理有关工作的通知》，环境信息平台已停止服务，而全国碳市场管理平台还未有企业信息公开确认功能，故先按照原先公开情况及步骤进行解释。

列表页显示企业所有的信息公开记录。用户在列表页点击【重点排放单位信息公开】按钮，出现重点排放单位信息公开弹窗，用户可以选择公开年份、行业，并按企业实际情况选择填写相关信息，确认信息无误后，点击【确定公开】，如图 2-26 所示。

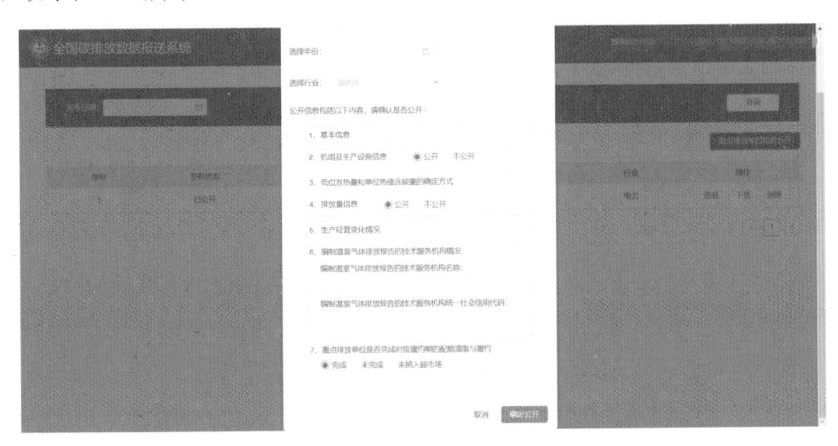

图 2-26　“确定公开”界面

5. 温室气体重点排放信息表

确认公开后，系统自动生成温室气体重点排放信息公开表，表中信息为本次公开的所有内容。

公开情况可在“全国碳市场信息综合门户”中的【信息公开】界面查询，如图 2-27 所示。

图 2-27 “信息公开”查询界面

第三节 现 场 核 查

一、核查机构的工作职能

（一）开展核查技术服务

按照《企业温室气体排放核算方法与报告指南　发电设施（2022年修订版）》要求，核查机构进行现场核查的目的是为省级生态环境部门开展排放报告的核查提供技术支撑，其主要工作为编制并向省级生态环境部门报告年度公正性自查报告。

全国碳排放权第三方核查机构是根据国家发展和改革委员会公布的申请条件进行申请，并由国家发改委进行认证，资质深厚，具有权威性。

在现场核查工作中，各个省份的政府机构指定专门的第三方核查机构对该省内企业温室气体排放进行核查评审。具体的第三方核查机构认证名单以每年各省份政府机构颁布为准。

（二）核查重点排放单位网上信息填报

省级生态环境主管部门通过生态环境专网登录全国碳市场信息综合门户—主管部门登录端，进行核查任务分配和核查工作管理。组织核查技术服务机构通过全国碳市场信息综合门户—核查机构登录端进行核查信息填报。

（三）核查机构禁止开展的活动

根据《企业温室气体排放报告核查技术指南》，重点排放单位不能要求核查技术服务机构开展以下活动：

（1）重点排放单位不得要求核查机构提供碳排放配额计算、咨询或管理服务；

（2）核查机构不能接受任何对核查活动的客观公正性产生影响的资助、合同或其他形式的服务或产品；

（3）重点排放单位禁止与核查机构合作开展碳资产管理、碳交易的活动，或与从事碳咨询和交易的单位存在资产和管理方面的利益关系，如隶属于同一个上级机构等；

（4）重点排放单位不得要求核查机构提供有关温室气体排放和减排、监测、测量、报告和校准的咨询服务；

（5）禁止与核查单位共享管理人员，或者在3年之内曾在彼此机构内相互受聘过管理人员。

（四）核查流程图

核查机构核查流程图如图2-28所示。

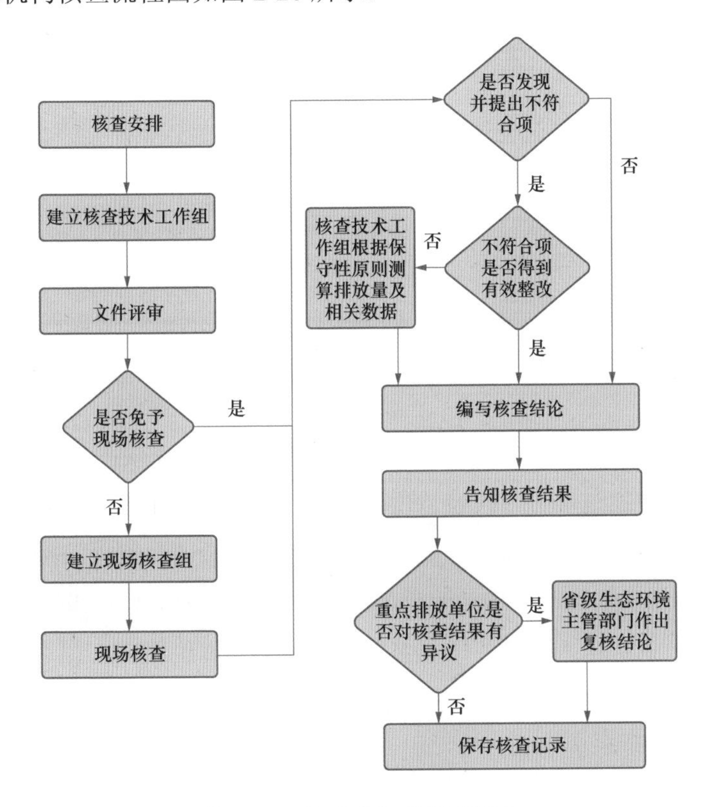

图2-28　核查机构核查流程图

二、应对核查机构现场核查所需准备的材料与措施

（一）现场核查前准备

现场核查前要求重点碳排放单位在“全国碳市场管理平台”上传碳排放与生产相关数据，应提供相应的支持材料，包括但不限于表2-2中的内容。

核查机构会初步判断重点排放单位提供的二氧化碳排放报告的合理性，从而确定现场访问的重点。

表 2-2　　　　现场核查前材料

<table>
<tr><th>核查材料</th><th>核查方式</th></tr>
<tr><td>营业执照</td><td>/</td></tr>
<tr><td>工艺流程图</td><td>/</td></tr>
<tr><td>组织机构图</td><td>/</td></tr>
<tr><td>厂区平面分布图</td><td>/</td></tr>
<tr><td>每日/每月消耗量原始记录或台账</td><td rowspan="6">核查机构会对重点碳排放单位的每个活动数据和排放因子都进行核查，当每个活动数据或排放因子涉及的数据数量较多且每个排放设施（单个和组合）或计量设备计量的能源消耗导致的年度排放量低于重点碳排放单位年度总排放量的5%时，核查机构就会采取抽样的方式对数据进行核查。其中对月度数据、记录采用交叉核对的抽样比例不低于30%。
核查机构如在抽取的场所或者数据样本中发现不符合，核查机构要考虑不符合的原因、性质以及对最终核查结论的影响等因素扩大抽样量，抽样量比例扩大至50%；如果扩大抽样仍然存在不符合，则扩大至80%直到100%</td></tr>
<tr><td>月度/年度生产报告</td></tr>
<tr><td>月度/年度燃料购销存记录</td></tr>
<tr><td>每月电量原始记录</td></tr>
<tr><td>每月电厂技术经济报表或生产报表</td></tr>
<tr><td>运行小时数和负荷（出力）系数计算过程等</td></tr>
</table>

核查机构会通过多种方式实施现场访问，主要包括审核文件和客观证据、约见重点碳排放单位有关人员、核实排放设施、核查测量设备的配置和监测系统的运行、确认本年度监测计划的执行情况及下一年度监测计划的制订情况等，核查机构会将核查发现以书面形式反馈至重点碳排放单位。

（二）现场核查材料准备

1. 能源消费类资料

（1）各月消耗的能源[1]统计台账、统计报表、库存记录；

（2）年度12个月各化石燃料的购买发票、结算单据等财务票据；

（3）月度与年度发电量、月度与年度供电量、月度与年度供热量统计台账及结算单、结算发票；

（4）年度12个月外购电力结算凭证、购买发票、月度抄表数等凭证；

（5）电厂生产系统与统计报销中的数据；

（6）各排放数据与生产数据计算过程与计算标准；

（7）电厂装机容量、机组类型及冷却方式等；

[1] 能源消耗数据包括：煤炭、燃气、柴油等燃料的使用量。

（8）若企业自行监测化石燃料的排放因子（如低位发热量、单位热值含碳量等），应按月份或批次提供相应的监测报告或记录等；

（9）其他与能源消耗和 CO_2 排放相关的证明材料/原始数据，如燃料热值化验报告单、单位热值含碳量化验报告等。

2. 设施设备类资料

（1）重点耗能设备设施清单（设备台账）；

（2）若涉及场内主要排放设施外包，应提供相关证据如合同、说明等；

（3）企业新增的主要能耗设备清单；

（4）新增设施立项文件，投产证明，能耗说明；

（5）能源计量器具一览表（含规格、型号和校核频次等）、相关计量器具校准、检定报告。

例如：对于锅炉，计量设备为测量入炉煤/燃气消耗量的设备，如皮带秤和流量表等，主要计量设备信息，包括序列号、规定校核频次、实际校核频次、校核标准等。

（三）核查数据与报告常见问题

现场核查过程中发现的问题由第三方核查机构给重点排放单位出具不符合项，重点排放单位应对提出的所有不符合进行原因分析并进行整改，包括采取纠正及纠正措施并提供相应的证据。核查组应对不符合的整改进行书面验证，必要时，可采取现场验证的方式。

若核查机构发现以下情况，还会要求重点碳排放单位整改：

（1）排放报告采用的核算方法不符合《企业温室气体排放核算与报告指南　发电设施》的规定；

（2）重点碳排放单位的边界、设施规模和排放源等基本信息与实际情况不一致；

（3）数据不完整或计算错误；

（4）不恰当的数据处理方法，如不确定性、抽样方法等，必要时，核查机构可对不符合的整改进行现场验证。

第三章

企业履约操作

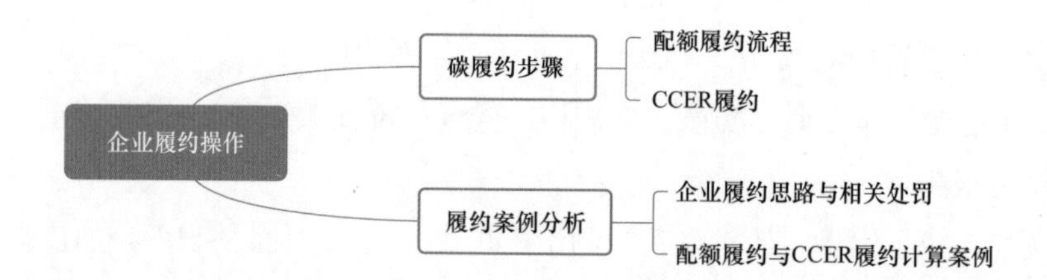

2016 年 1 月，国家发展改革委办公厅印发《关于切实做好全国碳排放权交易市场启动重点工作的通知》，其中明确了在全国碳交易市场启动初期将涵盖石化、有色、化工、造纸。电力、建材、钢铁、航空等重点排放行业。目前，全国碳市场以发电行业（2225 家企业）为起步，预计“十四五”期间逐步纳入其他七大行业。

2021 年 10 月 26 日，生态环境部发布《关于做好全国碳排放权交易市场第一个履约周期碳排放配额清缴工作的通知》，全国碳市场第一个履约周期控排企业履约清缴工作正式启动，电力企业作为首批控排行业率先进行履约。

第一节 碳履约步骤

履约：是指在第三方核查机构对于重点排放企业进行审核后，将其实际 CO_2 排放量与获得的配额进行比较，配额有剩余者可以出售配额获利或者留到下一年履约使用，配额不足者必须在市场上买配额或自愿减排项目（CCER），并按照碳排放权交易主管部门的要求提交预先分配的配额量。纳入配额管理的重点排放单位应在规定期限内通过“碳排放权注册登记系统”向其生产经营场所所在地省级生态环境主管部门清缴不少于经核查排放量的配额量，履行配额清缴义务。

CCER 抵销：碳配额不足的重点排放单位可在碳交易市场购买碳配额或者在“国家自愿减排交易信息平台”上购买国家核证自愿减排量对超出的碳配额部分进行抵销，但抵销的比例不得超过应清缴碳排放配额的 5%。用于抵销的国家核证自愿减排量不得来自纳入全国碳排放权交易市场配额管理的减排项目。

履约缺口上限：为了减轻重点排放单位所面临的履约负担而造成的生产运营成本，规定了配额履约缺口上限，其值为重点排放单位经核查排放量的 20%，即当重点排放单位配额缺口量占其经核查排放量比例超过 20%时，其配额清缴义务最高为其获得的免费配额量加 20%的经核查排放量。

一、配额履约流程

配额履约流程如图 3-1 所示。

（一）“全国碳排放权注册登记结算系统”登录

注册登记机构通过“全国碳排放权注册登记结算系统（以下简称注册登记结算系统）”对全国碳排放权的持有、变更、清缴和注销等实施集中统一登记。“注册登记结算系统”记录的信息是判断碳排放配额归属的最终依据。图 3-2 为“注册登记结算系统”登录界面，登录后可看到配额信息、履约信息、CCER 信息、标的物持仓信息等。

（二）配额交易

配额核定、应清缴配额量等有关信息填报的工作由“全国碳市场管理平台”碳排放数据报送功能模块完成。通过“全国碳市场管理平台”向重点排放单位分配经核定配额。根据“注册登记结算系统”内信息，重点排放单位可以了解到本年度应履约的配额量，若缺少配额可在“全国碳排放权交易系统”进行配额买卖，可以采取协议转让、单向竞价或者其他符合规定的方式。

协议转让是指交易双方协商达成一致意见并确认成交的交易方式，包括挂牌协议交易及大宗协议交易。其中，挂牌协议交易是指交易主体通过交易系统提交卖出或者买入挂牌申报，意向受让方或者出让方对挂牌申报进行协商并确认成交的交易方式。大宗协议交易是指交易双方通过交易系统进行报价、询价并确认成交的交易方式。单向竞价是指交易主体向交易机构提出卖出或买入申请，交易机构发布竞价公告，多个意向受让方或者出让方按照规定报价，在约定时间内通过交易系统成交的交易方式。

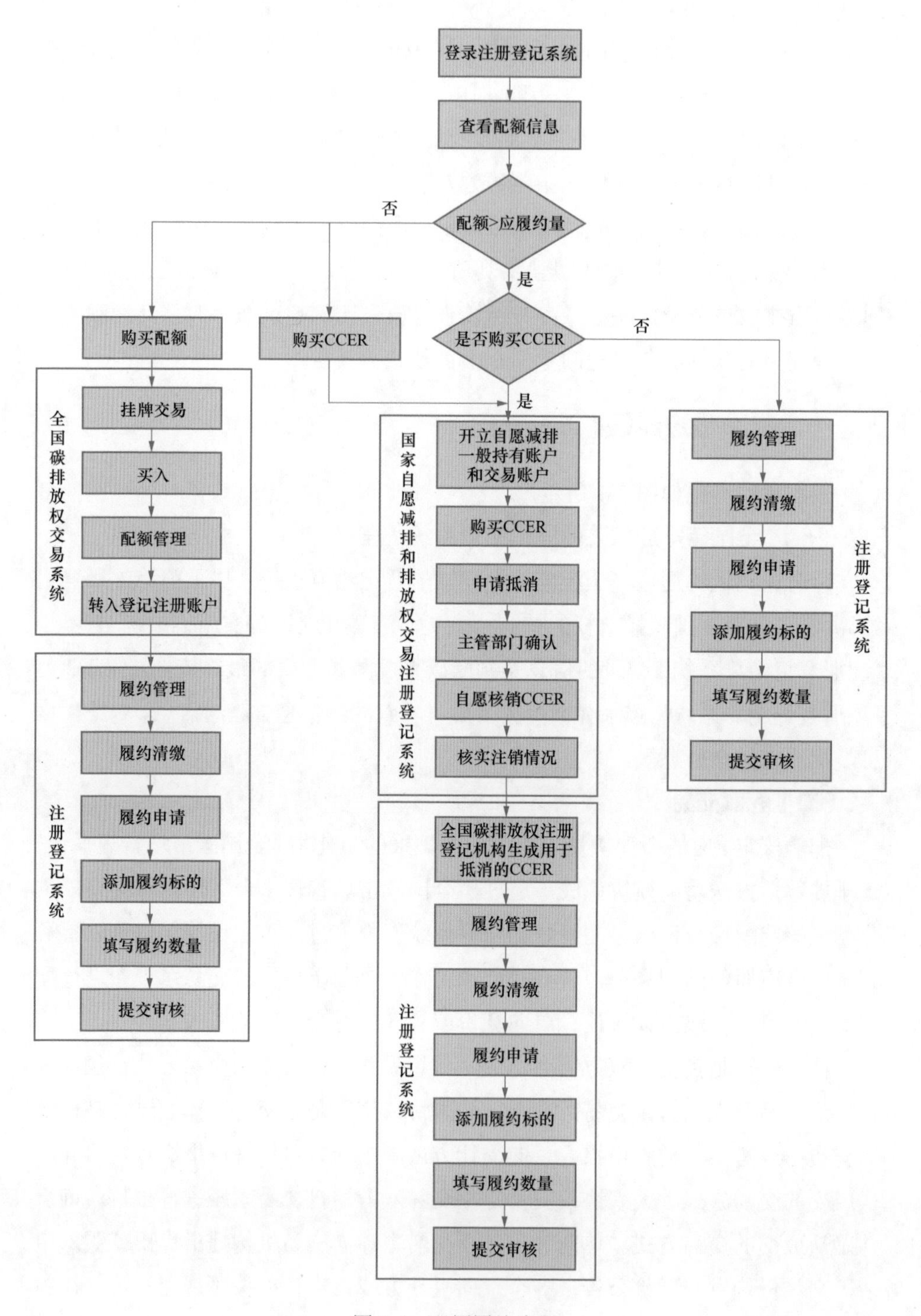
登录注册登记系统
查看配额信息
配额>应履约量
否
是
购买配额
购买CCER
是否购买CCER
否
是
全国碳排放权交易系统
挂牌交易
买入
配额管理
转入登记注册账户
注册登记系统
履约管理
履约清缴
履约申请
添加履约标的
填写履约数量
提交审核
国家自愿减排和排放权交易注册登记系统
开立自愿减排一般持有账户和交易账户
购买CCER
申请抵消
主管部门确认
自愿核销CCER
核实注销情况
注册登记系统
全国碳排放权注册登记机构生成用于抵消的CCER
履约管理
履约清缴
履约申请
添加履约标的
填写履约数量
提交审核
履约管理
履约清缴
履约申请
添加履约标的
填写履约数量
提交审核
注册登记系统

图 3-1　配额履约流程

图 3-2　“全国碳排放权注册登记结算系统”登录界面

具体交易流程如下：

首先登录“全国碳排放权交易系统”账号，登录之后会进入到交易页面，从中可看到市场价格交易信息等，若需要买入配额可在【挂牌交易】项中的左下方处点击【买入】后，填写预期配额购买价格与数量进行交易，也可与事先谈好的配额卖家按照协议价格进行交易，如图 3-3 所示；在履约时点击【配额管理】项中的【转入/转出】可将交易账户中的配额转出到登记账户中用来履约，

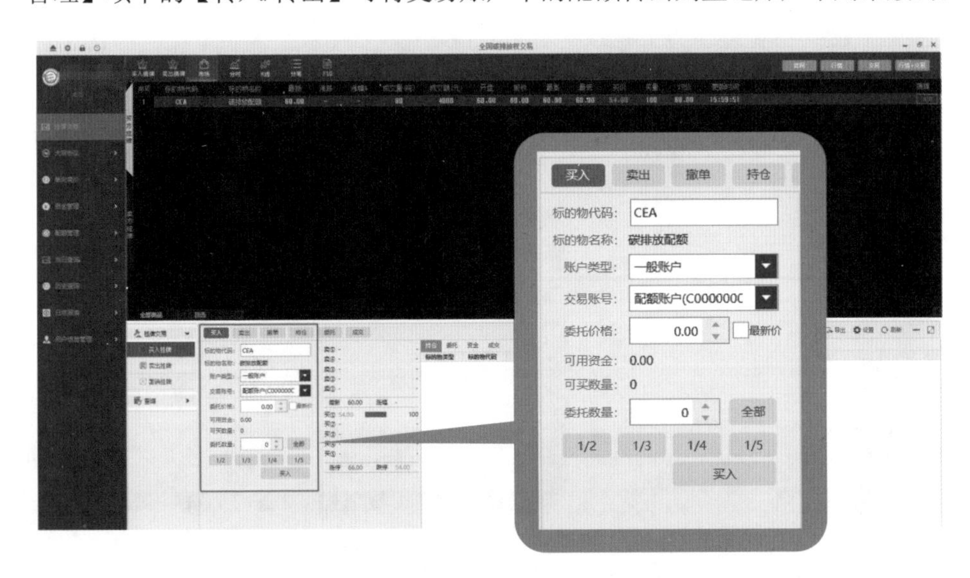

图 3-3　“全国碳排放权交易系统”配额买入界面

如图 3-4 所示；若需要卖出配额，则需先在交易账户点击【配额管理】项中的【转入/转出】可将登记账户中的配额转入到交易账户中用来配额买卖，如图 3-5 所示；然后在【挂牌交易】项中的左下方处点击【卖出】后，填写预期配额卖出价格与数量进行交易，也可与事先谈好的配额买家按照协议价格进行交易，如图 3-6 所示。

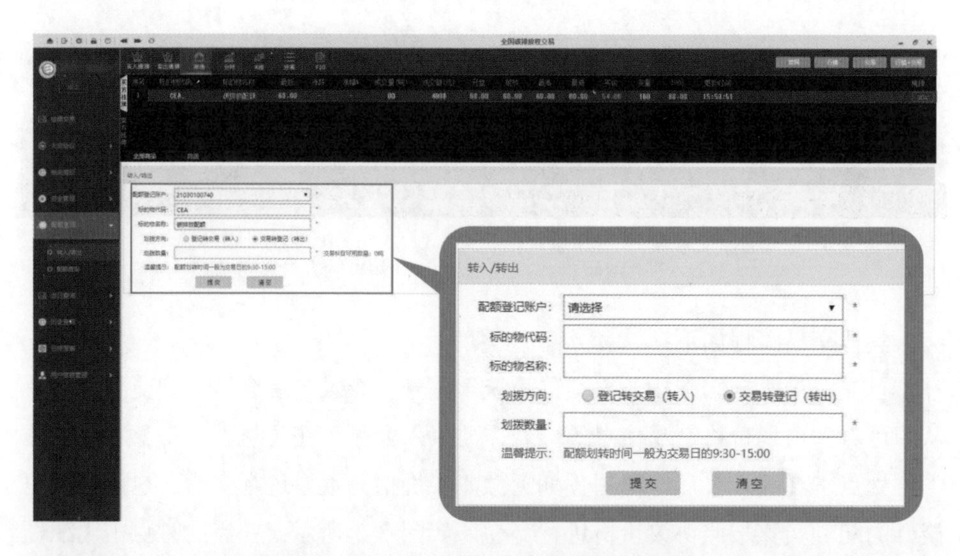

图 3-4 交易账户配额转出到登记账户界面

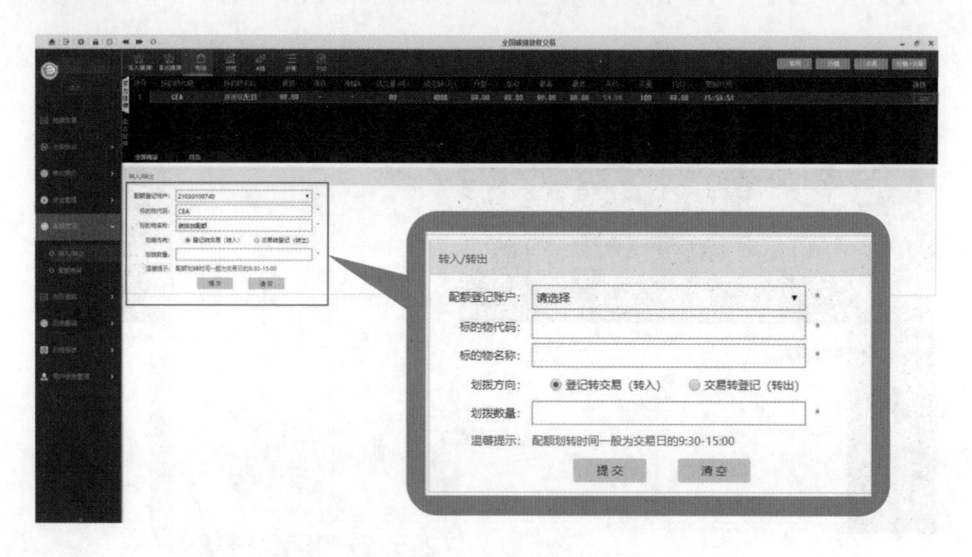

图 3-5 登记账户配额转入到交易账户界面

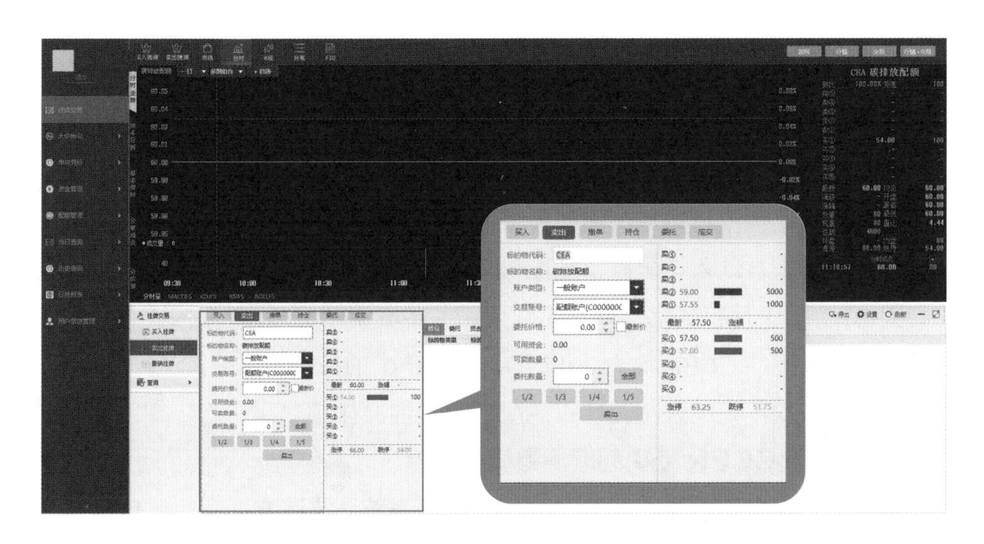

图 3-6　“全国碳排放权交易系统”配额卖出界面

（三）履约操作

在登录“注册登记结算系统”后，可在界面的【履约管理】项【履约清缴】中可查询控排企业应履约量、已履约量。若选择全部用配额进行履约，可直接点击【自愿注销管理】项，填写相关信息后进行配额履约；若选择用配额与 CCER 共同履约，配额部分与选择全部用配额进行履约的操作相同，即在“注册登记结算系统”注销对应数额的配额，CCER 部分的履约操作见图 3-7。

履约清缴任务

履约通知书名称	年份	履约范围	应履约量	已履约量	待审核履约量	发放时间	截止日期	完成状态	操作
[illegible]	2021	全国碳排放权交易市场第一个履约周期配额履约范围 全国碳排放权交易市场第一个履约周期CCER履约范围	[illegible]	[illegible]	[illegible]	2021-12-16 18:31:46	2021-12-31	已完成	
[illegible]	2021	全国碳排放权交易市场第一个履约周期配额履约范围 全国碳排放权交易市场第一个履约周期CCER履约范围	[illegible]	[illegible]	[illegible]	2021-12-07 09:33:48	2021-12-31	已完成	

< 1 >

图 3-7　“全国碳排放权注册登记结算系统”履约清缴页面

二、CCER 履约

（一）使用 CCER 抵销配额清缴条件

用于抵销配额清缴的 CCER，应同时满足如下要求：

（1）抵销比例不超过应清缴碳排放配额的 5%；

（2）不得来自纳入全国碳市场配额管理的减排项目。

因 2017 年 3 月起温室气体自愿减排相关备案事项已暂缓，全国碳市场第一个履约周期可用的 CCER 均为 2017 年 3 月前产生的减排量，减排量产生期间，有关减排项目均不是纳入全国碳市场配额管理的减排项目。

（二）使用 CCER 抵销配额清缴具体程序

第一步：在自愿减排注册登记系统和交易系统开立账户。

重点排放单位使用 CCER 抵销全国碳市场配额清缴前，应确保已在“国家温室气体自愿减排交易注册登记系统（以下简称自愿减排交易注册登记系统）”（http：//registry.ccersc.org.cn/login.do），为国家温室气体“自愿减排交易注册登记系统”界面如图 3-8 所示，开立一般持有账户和在任意一家经备案的温室气体自愿减排交易机构（包括北京绿色交易所、天津排放权交易所、上海环境能源交易所、广州碳排放权交易中心、深圳排放权交易所、湖北碳排放权交易中心、重庆联合产权交易所、四川联合环境交易所、海峡股权交易中心，以下简称自愿减排交易机构）的交易系统上开立交易账户。上海环境能源交易所国家温室气体自愿减排交易系统如图 3-9 所示。自愿减排交易机构网址见“中国自愿减排交易信息平台”（http：//cdm.ccchina.org.cn/ccer.aspx）。若已开立一般持有账户和交易账户，则无需重复开立。重点排放单位可选择向任意一家自愿减排交易机构提交自愿减排注册登记系统一般持有账户和交易账户开立申请材料，申请材料清单及要求见自愿减排交易机构官方网站。自愿减排注册登记系统一般持有账户开立申请材料由接收申请材料的自愿减排交易机构初审通过后，提交至国家应对气候变化战略研究和国际合作中心（以下简称国家气候战略中心）复审，复审通过后，由国家气候战略中心完成开户。交易账户开立申请材料由自愿减排交易机构审核通过后完成开户。

国家自愿减排和排放权交易注册登记系统

欢迎您　帮助　退出

当前位置：账户信息 > 账户列表　　2022年10月10日 13:43:27 星期一　【交易时间】

账户信息
账户列表
用户中心
个人信息
密码修改
帮助
用户手册下载
常见问题解答

账户列表

账户ID	账户类型	关联账户Id	关联账户类型	持有者	注册时间	账户状态	配额持有量（吨）	配额新分配量（吨）	项目减排量（吨）
400000003652	【一般持有账户】		交易账户		2021-06-09 11:39:53	启用	0	0	0
400000003653	【交易账户】		一般持有账户		2021-06-09 11:39:53	启用	0	0	0
400000004042	【一般持有账户】		交易账户		2021-10-27 14:17:07	启用	0	0	0
400000004043	【交易账户】		一般持有账户		2021-10-27 14:17:07	启用	0	0	0

图 3-8　国家温室气体自愿减排注册登记系统界面

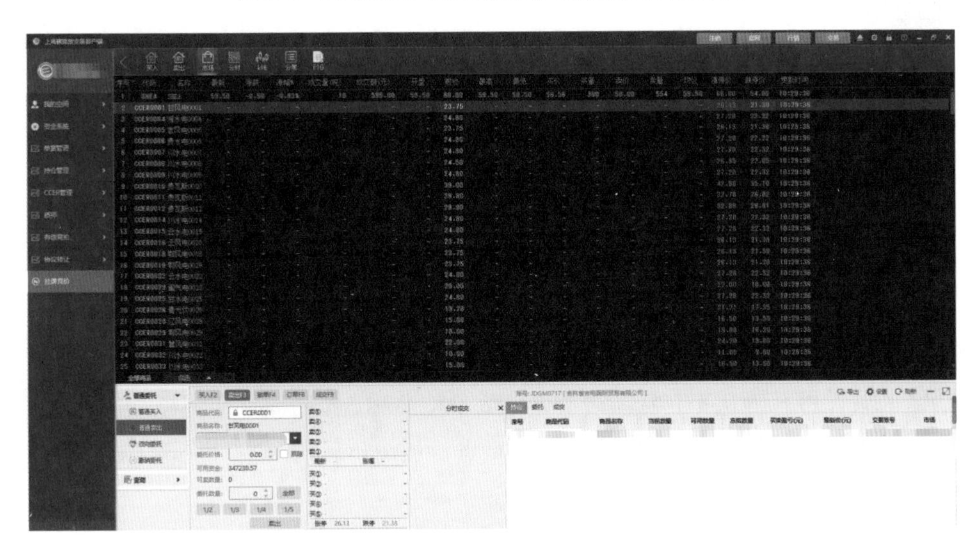

图 3-9　上海环境能源交易所国家温室气体自愿减排交易系统

第二步：重点排放单位购买 CCER。

重点排放单位通过自愿减排交易机构的交易系统购买符合抵销配额清缴条件的 CCER 后，将 CCER 从交易系统划转至其“自愿减排注册登记系统”一般持有账户。相关交易规则及要求见自愿减排交易机构官方网站。上海环境能源交易所 CCER 交易系统 CCER 转出界面如图 3-10 所示。

第三步：重点排放单位提交申请表。

重点排放单位应确认其“自愿减排注册登记系统”一般持有账户中拥有符合抵销配额清缴的条件、相应抵销配额清缴量的 CCER，并填写《全国碳市场：

重点排放单位使用 CCER 抵消配额清缴申请表》，向所属省级生态环境主管部门提交申请表。

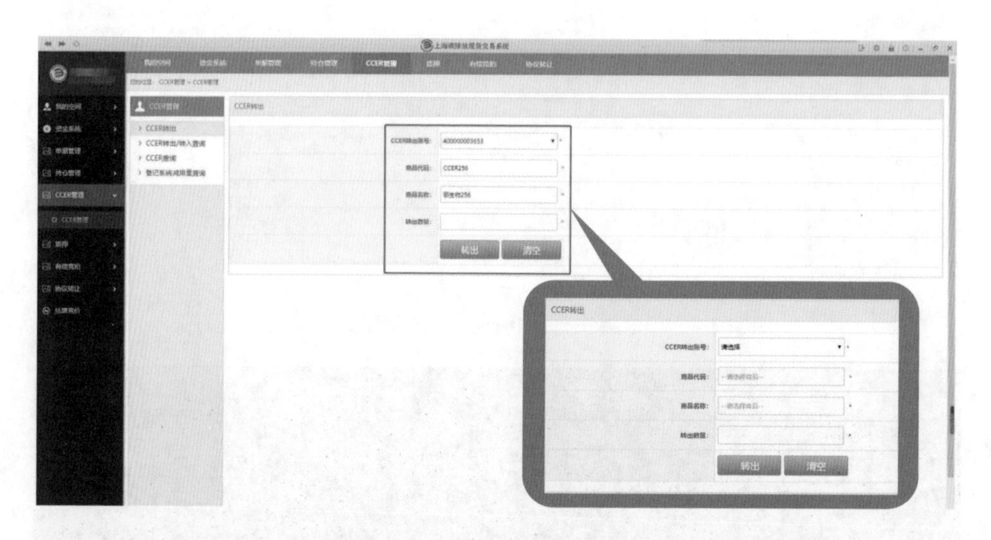

图 3-10 上海环境能源交易所 CCER 交易系统 CCER 转出界面

第四步：省级生态环境主管部门确认。

省级生态环境主管部门收到《申请表》后，依据上述使用 CCER 抵消配额清缴的条件进行确认（主要包括重点排放单位名称、履约周期应清缴配额总量、申请抵消量等），并将确认结果反馈至重点排放单位。

第五步：注销符合条件的 CCER。

重点排放单位在规定时间前使用“自愿减排注册登记系统”的【自愿注销】功能，如图 3-11 所示，按照经确认的《申请表》，注销其【一般持有账户】上符合条件的 CCER。重点排放单位操作完成 CCER 自愿注销后，应及时向所属省级生态环境主管部门提交在“自愿减排注册登记系统”完成注销操作的截图（打印并加盖公章）。

第六步：国家气候战略中心核实重点排放单位注销情况。

国家气候战略中心将通过“自愿减排注册登记系统”查询各省（自治区、直辖市）及新疆生产建设兵团重点排放单位完成的 CCER 注销操作记录，并通过国家气候战略中心邮箱（registry@ccersc.org.cn）发送给相应省级生态环境主管部门指定的工作邮箱，并抄送全国碳排放权注册登记机构（湖北碳排放权交易中心）工作邮箱（ccer@chinacrc.net.cn）。

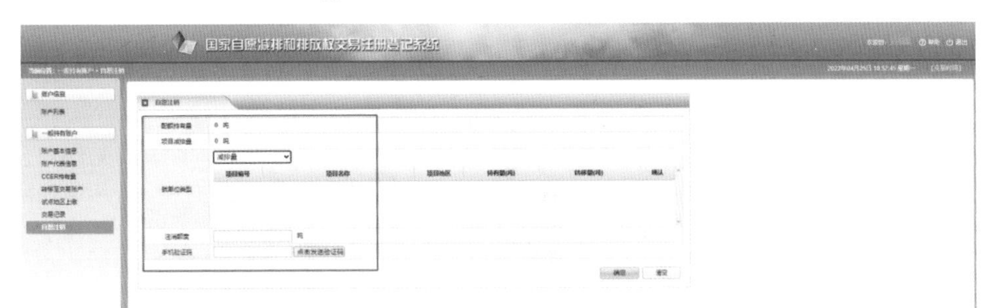

图 3-11　国家温室气体自愿减排注册登记系统减排量注销界面

第七步：全国碳排放权注册登记机构办理 CCER 抵销配额清缴登记。

全国碳排放权注册登记机构（湖北碳排放权交易中心）在规定时间内，将根据国家气候战略中心动态更新的重点排放单位 CCER 注销操作记录，向重点排放单位账户生成用于抵销登记的 CCER。重点排放单位在系统中提交履约申请时选择已生成的 CCER 进行履约，待履约申请得到省级生态环境主管部门确认后，由全国碳排放权注册登记机构办理 CCER 抵销配额清缴登记。

第八步：CCER 抵销配额清缴登记查询。

重点排放单位可在“全国碳排放权注册登记系统”查询其使用 CCER 抵销配额清缴登记相关信息。省级生态环境主管部门可通过“全国碳排放权注册登记系统”查询本行政区域重点排放单位使用 CCER 进行抵销配额清缴的相关信息。

第二节　履约案例分析

一、企业履约思路与相关处罚

1. 企业履约思路

碳排放履约的市场架构图如图 3-12 所示。

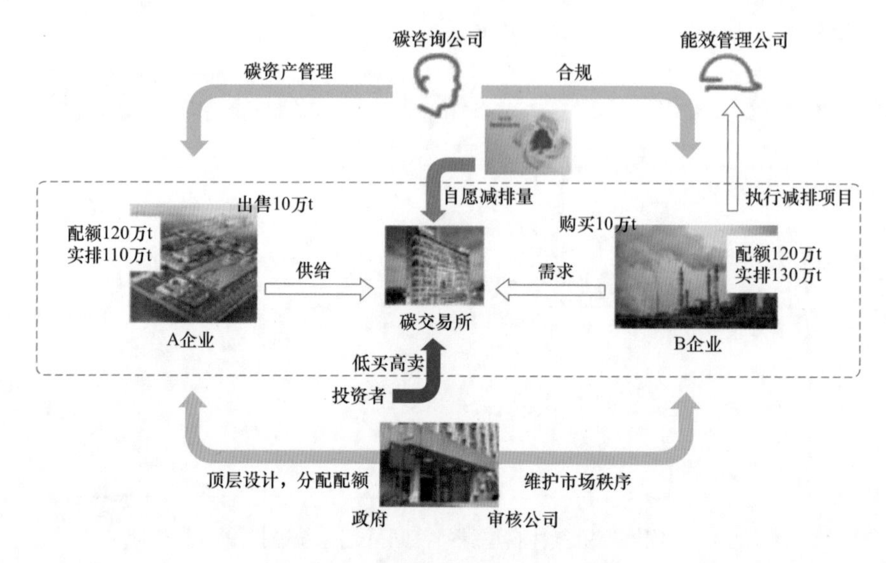

图 3-12 碳排放履约的市场架构图

（1）A 企业为控排企业，政府免费发放配额量 120 万 t，该企业通过节能改造，实际年排放量仅为 110 万 t，实际年排放量小于政府发放配额量，A 企业可选择将剩余 10 万 t 配额出售给碳交易机构获利，也可以在评估当前配额市场价后选择留到下一年履约使用。

（2）B 企业为控排企业，政府免费发放配额量为 120 万 t（排放线），经过核查，该企业年排放量为 130 万 t，在 120 万 t 用于消纳的同时，还需要在交易市场购买 10 万 t 完成超出部分的履约。而根据碳排放配额分配管理办法规定，配额将逐年缩减，如果 B 企业后续未做任何节能减排措施，则将因配额缩减导致超出部分缺口会越来越大，履约成本及履约压力未来将成为企业最头疼的问题，未及时足额履约的相关部门会采取相应措施。所以 B 企业可以雇能效管理公司对自己企业进行节能减排管理，以达到减排获利的目的。

（3）碳管理企业可作为投资者，在进行具体的市场分析后，在碳交易市场内进行低买高卖的操作，以此进行获利，促进市场活力。买卖内容可包括配额交易、CCER 交易。

（4）作为补充，在配额市场之外引入自愿减排市场交易，即 CCER 交易。自愿减排量（CCER）在下一章中会进行具体讲解，这里大概讲述一下，减排企业开发的 CCER 项目，可通过国家核证签发 CCER，在碳排放市场中进行售卖获利。控排企业可购买 CCER 来抵销 5%的配额履约量。

（5）政府的作用是进行配额分配和市场监督。

（6）核查公司的作用是对控排企业年度排放数据报告进行真实性核查。

（7）市场上的碳咨询（管理）公司的作用是帮助控排企业进行合规、标准的履约管理，也可以作为投资者在碳市场中低买高卖套利。

2．企业未完成配额清缴情况下的相关处罚

根据《碳排放权交易管理办法（试行）》，未按时足额清缴碳排放配额的，由其生产经营场所所在地设区的市级以上地方生态环境主管部门责令限期改正，处二万元以上三万元以下的罚款；预期未改正的，对欠缴部分，由重点排放单位生产经营场所所在地的省级生态环境主管部门等量核减其下一年度碳排放配额。

除了逾期处罚以外，重点排放单位虚报、瞒报温室气体排放报告，拒绝履行温室气体报告义务的，由其生产经营场所所在地设区的市级以上地方生态环境主管部门责令限期改正，处一万元以上三万元以下的罚款。逾期未改正的，由重点排放单位生产经营场所所在地的省级生态环境主管部门测算其温室气体实际排放量，并将该排放量作为碳排放配额清缴的依据；对虚报、瞒报部分，等量核减其下一年度碳排放配额。

二、配额履约与 CCER 履约计算案例

国家主管部门规定重点控排企业需要进行配额履约工作。若控排企业碳排放量低于国家发放的碳配额，则可以将富裕的碳配额出售给有碳配额缺口的重点控排企业。若控排企业碳排放量超过国家发放的配额，则需要到全国碳排放权交易市场购买碳配额完成履约。且 CCER 价格一般低于碳配额价格，CCER 作为碳配额的一种补充机制，可以使用 CCER 抵销企业碳排放，但各地的代替比例有所差异，在 5%～10%之间浮动。

假设某地电厂 A 某年二氧化碳排放量 120 万 t，政府发放碳配额为 100 万 t，市场配额价格为 40 元/t，CCER 市场价格为 25 元/t。假定该地要求使用 CCER 抵销碳排放的使用比例为不超过 5%。

若该电厂全部使用配额进行履约，则履约成本为（120−100）×10000×40=800 万元；

若该电厂结合使用配额和 CCER 项目，则履约成本为 120×5%×25+（120–100–120×5%）×10000×40=710 万元。

对比两种履约方式，电厂结合使用配额和 CCER 比全部使用配额履约的成本减少 90 万元。由此可知，可以利用 CCER 和配额之间的置换给企业减少履约成本，提高企业的整体经济收益。

第二篇
新能源篇

第四章

自愿减排市场

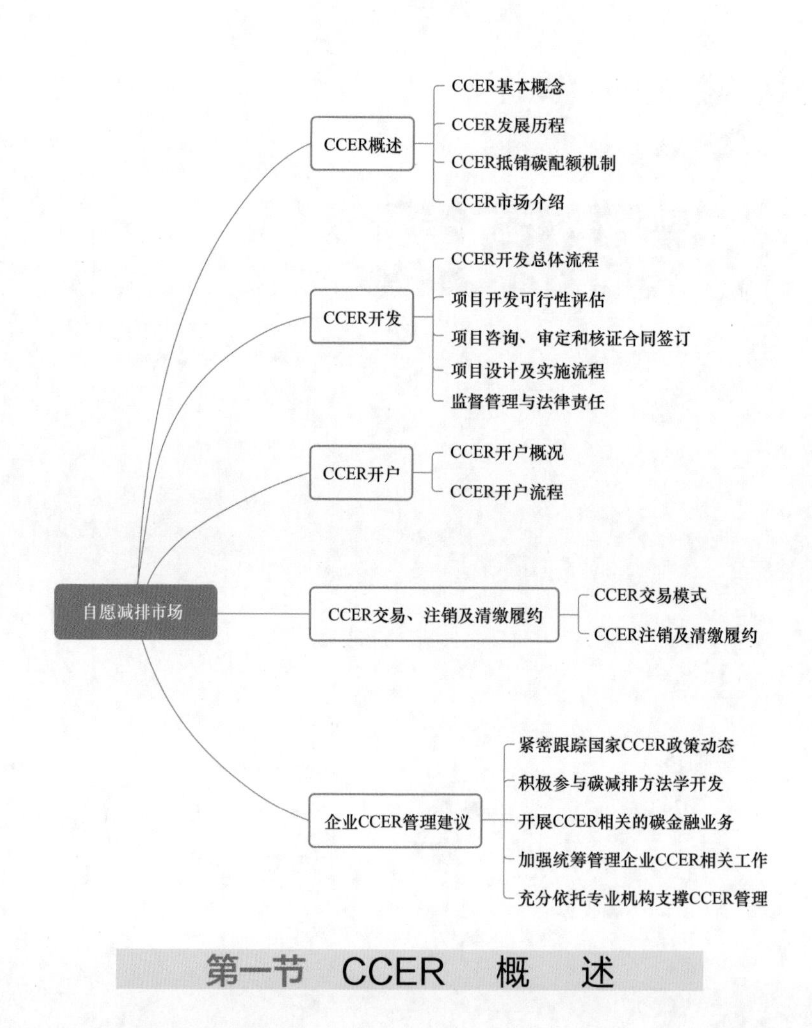

第一节 CCER 概 述

一、CCER 基本概念

温室气体自愿减排交易是利用市场机制控制和减少温室气体排放的重要政

策手段，激励广泛的行业、企业参与温室气体减排行动，促进可再生能源、林业碳汇、甲烷利用、节能增效等对减碳增汇有重要贡献的低碳产业发展。没有强制性减排义务的各类主体，自愿实施温室气体减排项目，即项目业主，按照生态环境部发布的相关方法学，开发温室气体减排项目产生的减排量，经国家认可的第三方机构审定核查后登记为核证自愿减排量（China Certified Emission Reduction，CCER），单位以“吨二氧化碳当量（tCO_2e）”计。CCER可以在市场上交易，用于全国和地方碳市场碳配额抵销和清缴履约、企业及产品碳中和、大型活动碳中和、国际民航碳抵销、自愿注销履行社会责任等。

在目前应用的CCER政策中，参考国际通行做法，突出交易的“自愿”属性，满足“放管服”的改革要求，相应优化调整原温室气体自愿减排方法学、项目、减排量、审定与核证机构、交易机构五个关键事项的管理方式，健全相关技术规范要求，强化全流程信息公开和公众监督，运用市场机制推动监督责任和主体责任落实，压实项目业主、第三方审定与核查机构主体责任，实行“双承诺”制，强化政府部门事中事后监管，保障自愿减排项目和减排量质量。

二、CCER发展历程

2012年6月，原气候变化主管部门国家发改委出台《温室气体自愿减排交易管理暂行办法》（以下简称原《办法》），于2015年1月启动自愿减排量（CCER）交易，可以在全国9家备案地方碳市场开展交易。2017年3月国家发改委宣布暂停CCER项目备案和减排量签发，已签发的CCER仍可以交易，并且在2021—2023年全国碳排放权市场履约中用于抵销碳配额清缴。现气候变化主管部门生态环境部开展了CCER管理办法修订和运行机制改革，2023年10月19日发布《温室气体自愿减排交易管理办法（试行）》（以下简称新《办法》），2024年1月22日全国统一CCER市场在北京正式启动。全国CCER交易市场和全国碳排放权交易市场互为补充，共同构成我国完整的碳交易体系，有助于推动我国实现碳达峰、碳中和目标。

三、CCER抵销机制

2020年12月25日生态环境部审议通过并公布《碳排放权交易管理办法

（试行）》，其中抵销机制是碳排放权交易制度体系的重要组成部分。重点排放单位每年可以使用核证自愿减排量抵销碳排放配额的清缴，抵销比例不得超过应清缴碳排放配额的5%。用于抵销的核证自愿减排量，不得来自纳入全国碳排放权交易市场配额管理的减排项目。据了解，2021年全国碳排放权交易市场第一个履约周期使用约3300万t CCER用于碳配额抵销。

2023年10月25日，生态环境部发布《关于全国温室气体自愿减排交易市场有关工作事项安排的通告》，规定2017年3月14日前已获得原应对气候变化主管部门备案的CCER，可于2024年12月31日前用于全国碳排放权交易市场抵销碳配额清缴，2025年1月1日起不再用于全国碳排放权交易市场抵销碳配额清缴，按照新《办法》产生的CCER才能用于抵销碳配额清缴。

CCER抵销碳排放配额清缴示意图如图4-1所示。

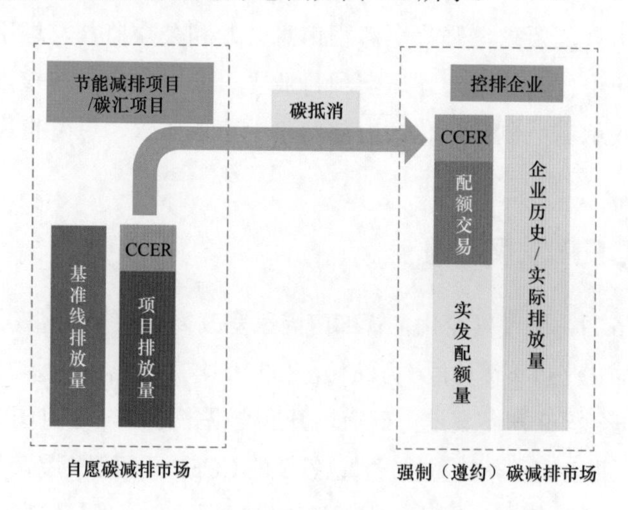

图4-1 CCER抵销碳排放配额清缴示意图

四、CCER市场介绍

CCER于2015年1月正式启动交易，CCER交易的相关参与方，即企业、机构、团体和个人，须在CCER交易注册登记系统中开设账户，才能进行CCER的持有、转移、清缴和注销。用户可以在上海、北京、深圳、广州、天津、重庆、湖北、福建和四川9个试点碳市场的交易机构开展交易。

2017年3月国家发改委发布公告暂停CCER项目和减排量备案申请，截至暂停日，经公示审定的 CCER 项目已经累计达 2852 个，已获批备案项目 1315 个，实际减排量备案项目 234 个，总签发量 7700 万 t。据统计，2015 年至 2023 年，CCER 市场主要交易存量 CCER，在 2021 年全国碳排放权市场启动之前，CCER 交易规模小和价格低，均价小于 10 元/t，在全国碳市场启动之后，碳市场清缴履约成为 CCER 最大的市场需求，CCER 交易规模和价格大幅提升。据了解，在 2021 年全国碳市场第一次履约截止日期前，CCER 价格超过 35 元/t，在 2023 年第二次履约截止日期前，CCER 价格超过 63 元/t。

2024 年 1 月 22 日，全国统一 CCER 市场正式启动。目前由国家气候战略中心承担 CCER 项目和减排量的登记、注销等工作，负责全国 CCER 注册登记系统的运行和管理，操作平台为全国 CCER 注册登记系统及信息平台（https://ccer.cets.org.cn/client/home），如图 4-2 所示；由北京绿色交易所提供集中统一交易与结算服务，负责全国 CCER 交易系统的运行和管理。按照新《办法》产生的新 CCER 仅能在北京绿色交易所交易，之前存量的 CCER 仍可在 9 个试点碳市场的交易机构开展交易。据了解，在全国 CCER 市场启动首日，总成交量 37.5 万 t，总成交金额 238.5 万元，均价 63.5 元/t。

图 4-2 全国 CCER 注册登记系统及信息平台

发电企业，其中火电企业如果要买入并使用 CCER 抵销碳排放配额的清缴，或新能源发电企业如果要在 CCER 项目重启第一时间提交 CCER 项目申请和出售 CCER，需要了解相关的业务流程，提前做好准备，现根据既有的政策法规和行业规则，给大家介绍一下如何开展 CCER 开发、开户、交易和注销。

第二节 CCER 开 发

一、CCER 开发总体流程

中华人民共和国境内依法成立的法人和其他组织，可以依照新《办法》开展温室气体自愿减排活动，申请 CCER 项目和减排量的登记。

如图 4-3 所示，CCER 开发总体流程包括项目开发可行性评估工作、咨询及审定核查合同签订、项目设计文件编制、项目公示、项目审定、项目登记申请、项目监测与减排量核算、项目减排量公示、项目减排量核查、项目减排量登记申请等。

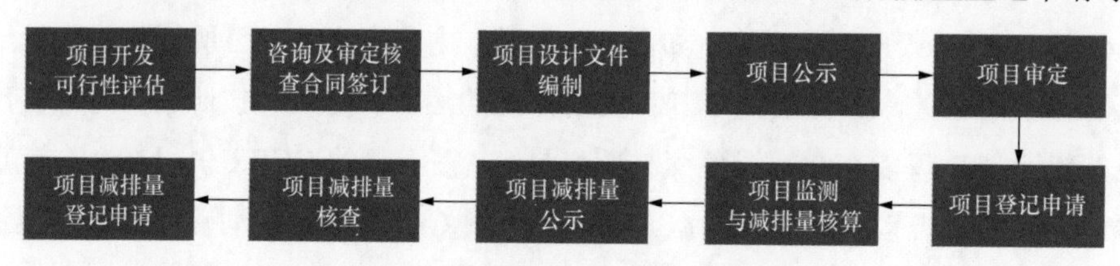

图 4-3 CCER 开发总体流程示意图

二、项目开发可行性评估

CCER 项目开发前需要对项目资格条件、技术指标和支持性文件进行评估，分析判断项目开发的可行性和存在的难点。

1. 项目资格条件评估

（1）项目登记条件。

根据新《办法》的规定，申请登记的温室气体自愿减排项目应当具备下列条件：

①具备真实性、唯一性和额外性；

②属于生态环境部发布的项目方法学支持领域；

③于 2012 年 11 月 8 日之后开工建设；

④符合生态环境部规定的其他条件。

属于法律法规、国家政策规定有温室气体减排义务的项目，或者纳入全国和地方碳排放权交易市场配额管理的项目，不得申请温室气体自愿减排项目登记。

（2）项目减排量登记条件。

根据新《办法》的规定，经注册登记机构登记的温室气体自愿减排项目可以申请项目减排量登记。申请登记的项目减排量应当可测量、可追溯、可核查，并具备下列条件：

①符合保守性原则；

②符合生态环境部发布的项目方法学；

③产生于 2020 年 9 月 22 日之后；

④在可申请项目减排量登记的时间期限内；

⑤符合生态环境部规定的其他条件。

项目业主可以分期申请项目减排量登记。每期申请登记的项目减排量的产生时间应当在其申请登记之日前五年以内。

2. 技术指标评估

项目开发前需要收集项目基本资料，根据项目具体的技术类型给项目业主发送项目调查问卷，获取项目信息，了解项目的基本情况，并根据生态环境部发布的 CCER 方法学类型判断项目开发是否存在明显障碍，例如没有相关类型方法学，不符合方法学适用性条件等。

如有相关类型方法学，则需要对项目进行技术性评估，项目经理应判断该项目是否可以开发成为 CCER 项目。主要包括详细评估该项目是否符合 CCER 方法学的适用条件以及是否满足额外性论证的要求等。

生态环境部组织制定 CCER 方法学，作为项目审定、实施和减排量核算、核查依据。根据经济社会发展、产业结构调整、行业发展阶段、应对气候变化政策等因素及时修订，成熟时纳入国家标准体系。

在项目开发方法学管理上，根据目前新《办法》内容，之前国家发改委发布的方法学已暂停使用，由生态环境部将统一负责组织新方法学的制修订。截至 2024 年 1 月，生态环境部首批发布了 4 项 CCER 方法学，其中并网光热和海上风力发电两个 CCER 方法学适用于发电企业（见表 4-1）。

表 4-1　　　　生态环境部发布的 CCER 方法学

CCER-01-001-V01	并网光热发电
CCER-01-002-V01	并网海上风力发电
CCER-14-001-V01	造林碳汇
CCER-14-002-V01	红树林营造

额外性是项目评估另一项技术指标，是指作为温室气体自愿减排项目实施时，与能够提供同等产品和服务的其他替代方案相比，在内部收益率财务指标等方面不是最佳选择，存在融资、关键技术等方面的障碍，但是作为自愿减排项目实施有助于克服上述障碍，并且相较于相关项目方法学确定的基准线情景，具有额外的减排效果，即项目的温室气体排放量低于基准线排放量，或者温室气体清除量高于基准线清除量。

项目计入期也是需要考虑的一项技术指标。计入期是指 CCER 项目可申请减排量登记的时间期限。项目业主根据项目寿命期限，自行确定项目计入期，方法学和相关规定对计入期另有规定的，从其规定。光热和海上风力发电类项目计入期最长不超过 10 年；林业和其他碳汇类项目计入期一般不低于 20 年，且不超过 40 年。计入期开始时间应当在 2020 年 9 月 22 日之后，且不得早于项目开工日期，项目计入期须在项目寿命期限范围之内。分期实施的项目只能确定一个计入期开始日期。

经过评估，符合方法学适用条件和满足额外性论证要求的项目，依照适用的方法学计算项目活动产生的减排量，参考全国 CCER 市场价格，结合计入期时间期限，估算项目的 CCER 收益。此外，根据项目类型、项目建设地点和项目规模，计算 CCER 项目的开发成本，包括编制项目设计文件和减排量核算报告的咨询费用、现场走访调研费用等。项目净收益为 CCER 收益和开发成本的差值，从而判断项目是否具有开发价值。

3. 支持性文件评估

除了评估项目开发是否有适用的方法学、额外性和经济收益外，还需搜集项目业主的营业执照、可行性研究报告及批复（或核准、备案文件）、环评报告及批复、项目节能评估和审查意见、项目实际或预计开工时间及运行时间证明、项目事先考虑碳减排的证据等支持性文件，评估项目是否符合 CCER 审定与核查方面的要求，同时为撰写 CCER 项目设计文件提供必要信息。

三、项目咨询、审定和核查合同签订

对于具备 CCER 开发可行性的项目，项目业主可以自行申报 CCER 项目，或委托咨询机构协助项目业主完成 CCER 项目申报相关工作，但是必须委托经市场监管总局、生态环境部共同审批的第三方机构对 CCER 项目进行审定和对减排量进行核查。

CCER 开发咨询的商业模式一般分为 CCER 收益分享模式和固定咨询费或两种模式相结合等三种方式。CCER 收益分享模式指的是咨询机构（如碳资产管理公司）与项目业主共担风险收益，由咨询机构承担开发成本，免费为项目业主提供项目咨询服务，CCER 项目通过备案和 CCER 签发后，咨询机构按照合同约定的比例获得 CCER 分成。固定咨询费一般根据咨询项目复杂程度、预计 CCER 签发规模、项目所在地、协助项目业主所需完成的工作内容（资料收集、编制项目设计文、联系第三方机构、编制监测报告、交易委托等）收取咨询费用。具体模式及费用由项目业主与咨询机构就具体项目情况协商决定。第三种方式即以上两种模式结合的模式。

按照新《办法》的规定，CCER 项目审定和减排量核查的机构不可以是同一家。审定和核查机构一般向项目业主收取固定费用，根据项目类型、难易及复杂程度和项目地点等，费用会有所不同。如果项目业主委托咨询机构开展 CCER 项目开发，可以选择由咨询机构与审定和核查机构签订审定和核查合同，相关费用包含在项目业主与咨询机构的合同中。

2024 年 1 月 19 日，国家认监委发布《关于开展第一批温室气体自愿减排项目审定与减排量核查机构资质审批的公告》，决定开展第一批 CCER 项目审定与减排量核查机构资质审批工作，其中能源产业领域审定与核查机构数量为 4 家。根据《中华人民共和国认证认可条例》《温室气体自愿减排交易管理办法（试行）》《认证机构管理办法》，发布第一批温室气体自愿减排项目审定与减排量核查机构资质审批决定（见表 4-2）。

表 4-2　　第一批 CCER 项目审定与减排量核查机构

序号	行业领域	机构名称	机构批准号
1	能源产业（可再生/不可再生）	中国质量认证中心有限公司	CNCA-R-2002-001
		中国船级社质量认证有限公司	CNCA-R-2002-005
		广州赛宝认证中心服务有限公司	CNCA-R-2002-012
		中环联合（北京）认证中心有限公司	CNCA-R-2002-105
2	林业和其他碳汇类型	中国质量认证中心有限公司	CNCA-R-2002-001
		中国船级社质量认证有限公司	CNCA-R-2002-005
		广州赛宝认证中心服务有限公司	CNCA-R-2002-012

续表

序号	行业领域	机构名称	机构批准号
2	林业和其他碳汇类型	中环联合（北京）认证中心有限公司	CNCA-R-2002-105
		中国林业科学研究院林业科技信息研究所	CNCA-R-2024-1364

四、项目设计及实施流程

根据新《办法》，CCER 项目设计及实施流程主要包括 8 个步骤：项目设计文件编制、项目公示、项目审定、项目登记申请、项目监测与减排量核算、项目减排量公示、项目减排量核查、项目减排量登记申请。项目设计与实施流程中产生的数据、信息等原始记录和管理台账应当在该项目最后一次减排量登记后至少保存 10 年。

关于 2017 年之前已审定的 CCER 项目和已签发的减排量需要根据新《办法》重新审定与核查后，才能获得减排量登记，并将其用于 CCER 市场交易；但已经在 2017 年之前获得签发的既有 CCER 减排量并不受影响，可以继续交易和使用。

1. 项目设计文件编制

编写项目设计文件（Project Design Document，PDD）是申请 CCER 项目的必要文件，是体现 CCER 项目合格性并计算核证减排量的重要参考，主要内容包括项目类型及所属行业领域的识别、项目描述、方法学的选择、方法学的应用、项目计入期、环境影响和可持续发展、林业和其他碳汇类项目的特殊要求，项目设计文件模板详见书末二维码附件。项目设计文件可由项目业主编制，或由项目业主委托的咨询机构编制。

2. 项目公示

项目业主应当按照新《办法》，在申请项目登记前通过注册登记系统公示项目设计文件，并且对公示材料的真实性、完整性和有效性负责。项目业主公示项目材料时，应当同步公示其所委托的审定与核查机构的名称。公示期为 20 个工作日。如在公示期内收到意见，项目业主应当对收到的意见进行处理。项目业主公示项目设计文件时，应当同步公示其所委托的审定与核查机构的名称。

3. 项目审定

项目业主应当按照新《办法》，委托具有资质的审定与核查机构对项目进行审定，将项目设计文件、支持性文件和相关证明提交至审定与核查机构，并且配合审定与核查机构按照《温室气体自愿减排项目审定与减排量核查实施规则》及相关规范性文件的要求，开展审定工作。

审定与核查机构应当按照国家有关规定对申请登记的CCER项目的以下事项进行审定，并出具项目审定报告，上传至注册登记系统，同时向社会公开：

（1）是否符合相关法律法规、国家政策；

（2）是否属于生态环境部发布的项目方法学支持领域；

（3）项目方法学的选择和使用是否得当；

（4）是否具备真实性、唯一性和额外性；

（5）是否符合可持续发展要求，是否对可持续发展各方面产生不利影响。

项目审定报告应当包括肯定或者否定的项目审定结论，以及项目业主对公示期间收到的公众意见处理情况的说明。审定与核查机构应当对项目审定报告的合规性、真实性、准确性负责，并在项目审定报告中作出承诺。

4. 项目登记申请

审定与核查机构出具项目审定报告后，项目业主可以按照新《办法》相关规定，申请项目登记。项目业主申请项目登记时，应当通过注册登记系统提交项目申请表和审定与核查机构上传的项目设计文件、项目审定报告，并附具对项目唯一性，以及所提供材料真实性、完整性和有效性负责的承诺书。

注册登记机构对项目业主提交材料的完整性、规范性进行审核，在收到申请材料之日起15个工作日内对审核通过的CCER项目进行登记，并向社会公开项目登记情况以及项目业主提交的全部材料；申请材料不完整、不规范的，不予登记，并告知项目业主。

已登记的CCER项目出现项目业主主体灭失、项目不复存续等情形的，注册登记机构调查核实后，对已登记的项目进行注销。项目业主可以自愿向注册登记机构申请对已登记的温室气体自愿减排项目进行注销。

温室气体自愿减排项目注销情况应当通过注册登记系统向社会公开；注销后的项目不得再次申请登记。

5. 项目监测与减排量核算

根据新《办法》，项目业主应当严格按照项目设计文件相关内容实施和运行项目，按照监测计划相关内容开展监测活动。项目业主可根据方法学和相关规定要求以及项目实际情况，将计入期划分为若干核算期，对每个核算期的减排量单独核算并编制温室气体自愿减排项目减排量核算报告（以下简称减排量核算报告）。减排量核算报告（模板见书末二维码附件）应当说明项目实施和运行情况，以及核算期内参数的监测情况，主要包括如下信息：项目描述、项目实施、监测系统的描述、参数的确定、减排量的核算。

减排量核算报告所涉数据和信息的原始记录、管理台账应当在该温室气体自愿减排项目最后一期减排量登记后至少保存 10 年。项目业主应当加强对温室气体自愿减排项目实施情况的日常监测。鼓励项目业主采用信息化、智能化措施加强数据管理。

6. 减排量公示

项目业主应当按照新《办法》，在申请减排量登记前通过注册登记系统公示减排量核算报告，并且对公示材料的真实性、完整性和有效性负责。项目业主公示减排量核算报告时，应当同步公示其所委托的审定与核查机构的名称。公示期为 20 个工作日。如在公示期内收到意见，项目业主应当对收到的意见进行处理。

7. 减排量核查

项目业主应当按照新《办法》，委托具有资质的审定与核查机构对项目减排量进行核查，但不应委托负责项目审定的审定与核查机构开展该项目的减排量核查。项目业主应当将减排量核算报告、支持性文件和相关证据提交至审定与核查机构，并且配合审定与核查机构按照《温室气体自愿减排项目审定与减排量核查实施规则》的要求开展核查工作。

8. 减排量登记申请

审定与核查机构出具减排量核查报告后，项目业主可以按照新《办法》的相关规定，申请减排量登记，应当通过注册登记系统提交减排量申请表和审定与核查机构上传的减排量核算报告、减排量核查报告，申请登记的项目减排量应当与减排量核查报告确定的减排量一致，保证项目减排量归属权无争议，并附具对减排量核算报告真实性、完整性和有效性负责的承诺书。

注册登记机构对项目业主提交材料的完整性、规范性进行审核，在收到申请材料之日起 15 个工作日内对审核通过的项目减排量进行登记，并向社会公开减排量登记情况以及项目业主提交的全部材料；申请材料不完整、不规范的，不予登记，并告知项目业主。

经登记的项目减排量称为“核证自愿减排量”，单位以“吨二氧化碳当量（tCO_2e）”计。

五、监督管理与法律责任

监督管理和法律责任是新《办法》重要组成部分，强调项目业主、审定与核查机构、交易主体，乃至各级管理部门，如果有违反新《办法》规定的，将被采取措施，具体见表 4-3、表 4-4。

表 4-3 不同监管主体的监管对象及措施

监管主体	监管对象	监管内容及措施
生态环境部	登记项目和核证自愿减排量	负责指导督促地方对自愿减排交易及相关活动开展监督检查，查处具有典型意义和重大社会影响的违法行为； 查处具有典型意义和社会影响大的案件
	注册登记机构、交易机构	定期向生态环境部报告全国温室气体自愿减排登记、交易相关活动和机构运行情况，及时报告对温室气体自愿减排交易市场有重大影响的相关事项
省级（设区的市级）生态环境主管部门	辖区内的项目和减排量	会同有关部门，对已登记的自愿减排项目与核证自愿减排量的真实性、合规性组织开展监督检查，受理对本行政区域内温室气体自愿减排项目提出的公众举报，查处违法行为； 省级以上生态环境主管部门可以通过政府购买服务等方式，委托依法成立的技术服务机构提供监督检查方面的技术支撑
市场监管总局、生态环境部	审定与核查机构	对审定与核查活动实施日常监督检查，查处违法行为。结合随机抽查、行政处罚、投诉举报、严重失信名单以及大数据分析等信息，对审定与核查机构实行分类监管
公众监督	项目和减排量及相关交易活动	任何单位和个人都有权举报温室气体自愿减排交易及相关活动中的弄虚作假等违法行为

表 4-4 不同责任主体的违法行为及监管措施

责任主体	违法行为	监管内容及措施
相关单位和个人	违反新《办法》规定，拒不接受、或阻挠监督管理，或在接受监督管理时弄虚作假	由实施监督管理的生态环境主管部门、市场监管部门依据职责，视情节轻重给予警告，并处一万元以上十万元以下罚款

续表

责任主体	违法行为	监管内容及措施
项目业主	申请项目或者减排量登记时提供虚假材料	由省级以上生态环境主管部门责令改正，处一万元以上十万元以下的罚款
	存在篡改、伪造数据等故意弄虚作假行为	省级以上生态环境主管部门通知注册登记机构撤销项目登记，三年内不再受理该项目业主提交的项目和减排量登记申请；按照虚假部分等量注销；逾期未按要求注销的，强制注销，对不足部分责令退回，处五万元以上十万元以下的罚款
审定与核查机构	超出批准业务范围开展活动；增加、减少、遗漏审定与核查基本规范、规则规定的程序	由实施监督检查的市场监督管理部门依法责令改正，并处五万元以上二十万元以下罚款；情节严重的，责令停业整顿，直至撤销批准文件
	出具虚假报告，或者出具报告的结论严重失实	撤销批准文件，对直接负责的主管人员和负有直接责任的审定与核查人员，撤销其执业资格
交易主体	违反新《办法》，操纵或者扰乱全国温室气体自愿减排交易市场	由生态环境部给予通报批评，并处一万元以上十万元以下的罚款

第三节 CCER 开 户

一、CCER 开户概况

1. 开立 CCER 相关账户的原因

根据 2023 年 10 月生态环境部和市场监管总局联合公布《温室气体自愿减排交易管理办法（试行）》、2023 年 7 月 17 日生态环境部发布的《关于全国碳排放权交易市场 2021、2022 年度碳排放配额清缴相关工作的通知》的规定，CCER 项目业主（如海上风电项目）可以将签发的 CCER 参与碳市场交易，或者全国碳市场重点排放单位（如火电企业）可以通过碳市场购买并使用 CCER 进行碳配额清缴抵销，抵销比例不超过对应年度应清缴配额量的 5%。而开设 CCER 相关账户则是参与碳市场交易的前提。

2. CCER 开户主体

目前 CCER 开户主要面向全国开展温室气体自愿减排活动，申请温室气体自愿减排项目业主、纳入全国碳排放权交易市场的重点排放单位名录的企业、纳入我国 9 个试点地方碳市场（北京、上海、天津、广东、深圳、重庆、湖北、四川、福建）的重点排放单位名录的企业及其他交易主体。

3. 相关账户种类

2023 年 8 月，北京绿色交易所宣布开始接受全国温室气体自愿减排交易系统登记账户和交易账户开立，作为重启后的 CCER 建设全国性的集中统一基础设施，未来新增 CCER 的交易、结算、和登记过程都集中在“全国温室气体自愿减排注册登记系统及信息平台”中进行。

2017 年 3 月 14 日前已经获得备案的减排量（简称“旧有 CCER”），仍在北京绿色交易所等 9 家交易机构的旧有自愿减排注登系统登记账户和进行交易（见表 4-5）。

表 4-5　　CCER 交易机构及其网址

交易机构名称	网站地址
北京绿色交易所	https：//www.cbeex.com.cn/
上海环境能源交易所	https：//www.cneeex.com/
广州碳排放权交易所	http：//www.cnemission.cn/
湖北碳排放权交易中心	http：//www.hbets.cn/
深圳排放权交易所	http：//www.cerx.cn/
重庆碳排放权交易中心	https：//tpf.cqggzy.com/index.html
海峡股权交易中心——环境能源交易平台	https：//carbon.hxee.com.cn/
天津排放权交易所有限公司	https：//www.chinatcx.com.cn/
四川联合环境交易所	https：//www.sceex.com.cn/

如图 4-4 所示，随着新旧 CCER 系统的隔离，旧有 CCER 存量仍在老系统里进行消化，而新系统服务于新管理办法和新方法学下的 CCER 新量。

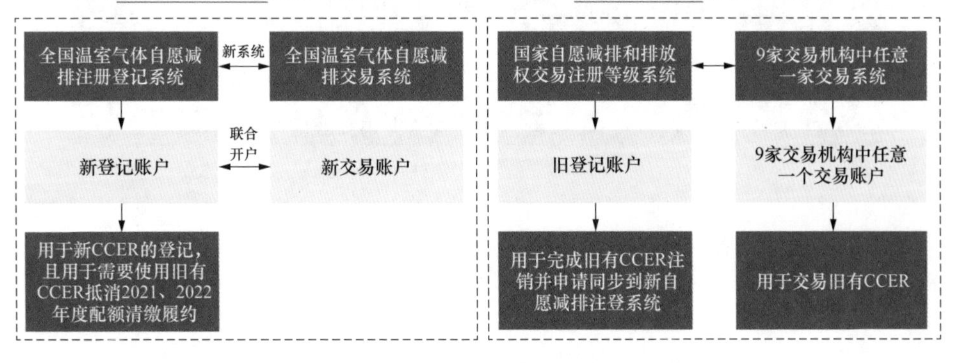

图 4-4　新旧 CCER 交易开户对比

二、CCER 开户流程

CCER 开户流程包括客户注册、信息提交与账户开立进度查询、纸质材料邮寄、注册登记机构审核等环节，上述操作完成后才能开展 CCER 交易，具体流程如图 4-5 所示。

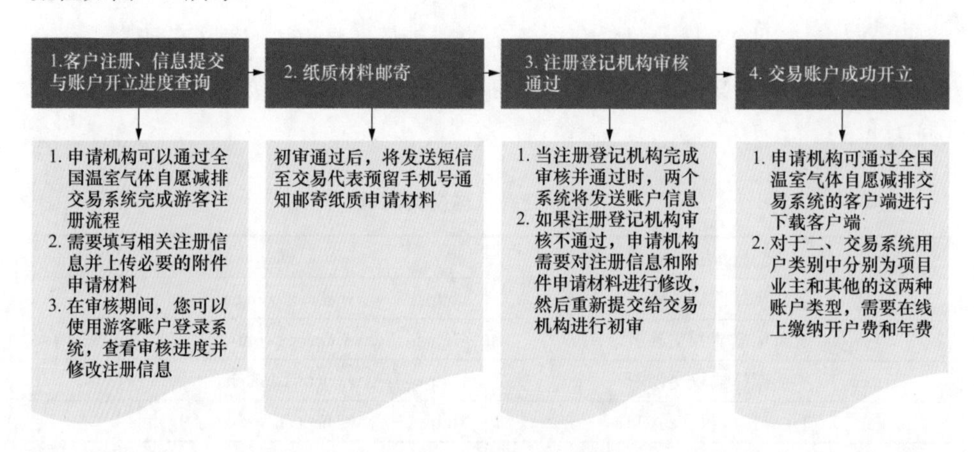

图 4-5 CCER 开户流程

（一）注册登记和交易账户联合开户操作流程

（1）打开全国温室气体自愿减排注册登记系统及信息平台官网（https：//ccer.cets.org.cn/），点击游客注册，如图 4-6 所示。

图 4-6 全国温室气体自愿减排注册登记系统及信息平台

（2）输入注册信息：用户名、密码、确认密码、手机号、图形验证码、手机验证码等，完成后点击注册，如图 4-7 所示。

图 4-7　游客注册界面

（3）完成信息填写，点击“注册”按钮后，提示游客注册成功。

图 4-8　注册成功提醒

（4）游客注册成功后登录，点击【开户进度】-【立即开户】-【企业】-【登记系统与交易系统联合开户】。

图 4-9　登录账号后界面

（5）开户类型点击“企业”。

图 4-10　选择开户类型界面

（6）联合开户。在全国温室气体自愿减排登记系统和全国温室气体自愿减排注册交易系统开户，开户资料包括登记机构和交易机构规定的所有资料。

（7）填写开户所需资料信息，包括企业基础信息、法定代表人信息、联系人信息、登记系统发起代表、登记系统确认代表、交易系统账户代表信息。

图 4-11　选择联合开户

图 4-12　填写联合开户基础信息

（8）填写完成后点击下一步，上传附件信息并提交审核。

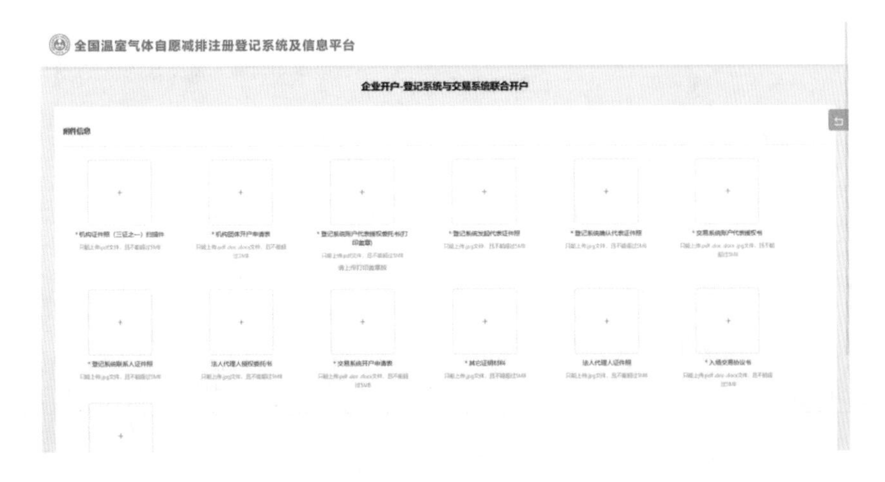

图 4-13　上传附件

（9）纸质材料邮寄。交易机构对开户申请初审，初审通过后，将发送短信至交易代表预留手机号通知邮寄纸质申请材料。申请所需纸质材料清单见表 4-6。

表 4-6 申请所需材料清单

序号	材料名称	对应账户	材料说明
1	营业执照或其他主体资格证明	注册登记账户、交易账户	复印件，加盖公章
2	法定代表人/负责人身份证明	注册登记账户、交易账户	复印件（身份证需提供正反面），加盖公章
3	外商投资证明材料	注册登记账户	适用于外资、合资企业，外商投资许可证复印件或中华人民共和国商务部业务系统统一平台（https：//wzxxbg.mofcom. gov.cn/gspt/）查询截图，加盖公章
4	注册登记系统企业开户申请表	注册登记账户	适用于法人，提交注册信息后系统自动生成表单，下载并加盖公章、法定代表人签章
5	注册登记系统机构团体开户申请表	注册登记账户	适用于其他组织，提交注册信息后系统自动生成表单，下载并加盖公章、负责人签章
6	注册登记系统账户代表授权书	注册登记账户	加盖公章、法定代表人/负责人签章
7	注册登记系统发起代表身份证明	注册登记账户	复印件（身份证需提供正反面），加盖公章
8	注册登记系统确认代表身份证明	注册登记账户	复印件（身份证需提供正反面），加盖公章
9	注册登记系统联系人身份证明	注册登记账户	复印件（身份证需提供正反面），加盖公章
10	交易系统开户申请表	交易账户	下载表单填写并加盖公章，提交注册信息后上传
11	交易系统交易代表推荐函（含交易代表身份证明）	交易账户	加盖公章、法定代表人/负责人签章、交易代表签字（身份证需提供正反面）
12	交易系统入场交易协议（含风险提示函）	交易账户	加盖公章、法定代表人/负责人签章，并手抄划线部分文字
13	项目设计文件	注册登记账户、交易账户	适用于申请项目业主账户，须提供按照生态环境部发布的方法学以及国家气候战略中心发布的《温室气体自愿减排项目设计与实施指南》编制的项目设计文件，加盖公章

（10）登录全国温室气体自愿减排注册登记系统官网，界面右上角查看开户进度（审核中、审核不通过、开户成功）。

图 4-14　查看开户进度

（二）与结算账户关联操作流程

CCER 注册登记和交易账户两账户关联完成后，还需与结算账户进行关联，关联操作仍在交易系统内进行。完成结算账户的关联，才能正常交易。各交易机构有各自的指定的登记结算机构，结算机构有不同支持签约的商业银行，如建设银行、兴业银行、浦发银行和中国银行等，用户可选择任意一家银行开立银行账户，如用户已有上述任意一家银行账户则无需新开，根据相关要求完成结算银行签约。具体签约的商业银行名单可以咨询交易机构，并与指定的商业银行详细沟通如何线上或柜面办理签约。

线上签约一般是在交易系统中结算签约或资金账户找到银行账户管理，登记签约银行的账户信息，该银行账户为出金所使用的银行账户，请在绑定账户前务必确认信息准确无误，需要填写的信息包括绑定银行账号、开户行名称、开户行联行号、开户网点、所在省市等，确认并提交后，签约申请提交至交易机构审核，审核处理时间一般为 1~3 个工作日，如需加急处理。签约成功后及时通知交易机构工作人员开通交易账户交易资格，以免耽误交易资格开通进度。

第四节　CCER 交易、注销及清缴履约

一、CCER 交易模式

根据 2017 年 3 月 14 日前已获得国家应对气候变化主管部门备案的核证自

愿减排量，可于2024年12月31日前用于全国碳排放权交易市场抵销碳排放配额清缴，2025年1月1日起不再用于全国碳排放权交易市场抵销碳排放配额清缴。

根据北京绿色交易所制定并发布的《温室气体自愿减排交易和结算规则（试行）》，明确全国温室气体自愿减排交易采取挂牌协议、大宗协议、单向竞价及其他符合规定的交易方式。

挂牌协议是指交易主体提交买入或卖出申报，申报中明确交易标的的数量和价格，对手方通过查看实时挂牌列表，以价格优先的原则，在买入或卖出申报大厅摘牌并成交的交易方式。同一价位有多个挂牌申报的，对手方按照交易主体申报时间依次摘牌完成交易。

大宗协议是指符合单个交易标的特定数量条件的交易主体之间在交易系统内协商达成一致，并通过交易机构确认完成交易的方式。具体条件由交易机构另行公告。

单向竞价包括单向竞买和单向竞卖两种方式，是指报价方在限定时间内按照确定的单向竞价成交规则，将交易标的出让给竞价成功的单个或者多个应价方，或是从竞价成功的单个或多个应价方受让交易标的的交易方式。

挂牌协议和大宗协议实行涨跌幅限制制度。挂牌协议涨跌幅为当日基准价的±10%，大宗协议涨跌幅为当日基准价的±30%。

基准价为交易标的上一交易日通过挂牌协议方式成交所产生的加权平均价，计算结果按照四舍五入原则取至价格最小变动单位。上一交易日无成交的，以上一交易日的基准价为当日基准价，以此类推。交易标的上市初始价格，由首个将该交易标的从注册登记系统划转至交易系统的交易主体提出申报后确定。

交易日为每周一至周五。国家法定节假日和交易机构公告的休市日，市场休市。挂牌协议和大宗协议的交易时段为每个交易日的9:30-11:30、13:00-15:00。单向竞价的交易时段由交易机构另行公告。

二、CCER注销及清缴履约

CCER注销可以用于企业、大型活动的碳中和，也可以开展CCER质押、碳信托等碳金融活动，但最主要的用途还是用于被纳入全国碳市场的重点排放单位（如火电企业）配额履约，CCER抵销比例不得超过应清缴碳排放配额的5%，但是在使用CCER之前，需要完成CCER一般账户和交易账户的开设。

具体操作步骤如下：

（1）绑定账户。

2023 年 8 月 14 日后，有意愿使用 CCER 抵销配额清缴的重点排放单位，应首先在自愿减排注登系统中发起登记账户与全国碳排放权注册登记系统（以下简称碳排放权注登系统）登记账户的绑定操作。

（2）发起履约抵销。

在确认自愿减排注登系统一般持有账户中拥有符合抵销配额清缴条件、相应数量的 CCER 后，在自愿减排注登系统发起“全国履约抵销”操作。

（3）提交表格。

线下填写《2021 年全国碳市场重点排放单位使用 CCER 抵销配额清缴申请表》《2022 年全国碳市场重点排放单位使用 CCER 抵销配额清缴申请表》，于 2023 年 12 月 15 日前向所属省级生态环境主管部门提交。

（4）系统操作。

自愿减排注登系统将相应 CCER 冻结并将项目名称、申请抵销量等相关信息同步给碳排放权注登系统。碳排放权注登系统将所接收到的拟用于履约抵销的 CCER 标记为“待抵销”状态。

（5）省级生态环境主管部门确认。

省级生态环境主管部门在碳排放权注登系统中，依据上述使用 CCER 抵销配额清缴的条件进行审核、确认。

对省级生态环境主管部门审核通过的履约清缴申请，碳排放权注登系统将根据审核结果完成 CCER 抵销配额清缴登记，并由自愿减排注登系统完成相应注销登记。对审核不通过的，重点排放单位根据省级生态环境主管部门反馈的审核结果，可修改并重新发起相关申请。

（6）CCER 抵销配额清缴登记相关信息查询。

重点排放单位可在碳排放权注登系统查询其使用 CCER 抵销配额清缴登记相关信息，在自愿减排注登系统查询相应 CCER 的注销情况。

（7）待抵销 CCER 强制召回。

对于履约期结束 15 个工作日后，在碳排放权注登系统中仍处于“待抵销”状态的 CCER，将强制召回至自愿减排注登系统中该重点排放单位登记账户下的一般持有账户。

此外，另一个CCER注销的重要用途是碳中和。若非重点排放单位自愿开展CCER注销，用于抵销自身经营产生的碳排放，或者用于抵销大型活动产生的碳排放，称之为碳中和。通过第三方机构对单位活动的碳排放核算或交易机构的鉴证等具有公信力的方式，结合提交的CCER注销操作截图（打印并加盖公司公章），可以获得碳中和证书。

第五节 企业CCER管理建议

一、紧密跟踪国家CCER政策动态

随着生态环境部发布《温室气体自愿减排交易管理办法（试行）》及相关技术规范，CCER项目申报重启，项目业主需要重点关注新出台的CCER政策引起关于项目申报条件和CCER签发要求的变化，比如项目类型、项目建设时间、方法学、额外性、申报流程等；关注原来签发的CCER在交易和使用方面与新签发CCER的差异；关注CCER项目申报与地方碳普惠、绿电绿证交易的衔接关系，是否要规避重复申报的问题。此外，如何建立全球性碳交易机制仍处于谈判阶段，目前国际航空碳抵销和减排计划（CORSIA）允许使用CCER，要持续关注我国参与国际碳减排市场的政策动向。

二、积极参与碳减排方法学开发

碳减排方法学是CCER开发的重要依据和前置条件。为实现双碳目标，我们正在应用更新的低碳技术、开展更多样的商业模式创新和迈入更深远的数字化时代。为更好地服务于新时代绿色低碳社会经济发展，需要不断开发新的方法学来推动CCER市场建设，充分发挥绿色低碳转型的导向性作用。尤其是具有一定行业影响力的企业，应该重视与自己相关领域的CCER方法学修订和开发，积极配合生态环境部做好新CCER方法学制定工作，为国家CCER方法学发展贡献力量。

三、开展CCER相关的碳金融业务

目前全国CCER交易市场是现货交易，期货品种交易还处于研究进程中。

重点排放单位、项目业主和机构投资者是CCER交易的主要参与者，个人目前无法开户交易。总体而言，碳市场还处于发展初期，既有发展的机遇，也存在一些不确定性。碳市场建设发展给碳金融发展创造了条件，企业需要充分意识到碳资产的价值，关注交易规则和碳价的变化，重视项目的CCER收益对投资产生的影响，要与金融机构和碳交易机构充分沟通碳金融业务的可行性和风险点，积极拓宽项目融资渠道，参与碳金融的业务创新。

四、加强统筹管理企业CCER相关工作

随着全国碳排放权市场扩容以及全国CCER市场重启，企业越来越重视碳资产管理。为实现企业碳资产价值的最大化，建议一方面建立相关管理制度，明确职责分工，统筹管理企业CCER开发交易工作；另一方面，需要提前梳理企业既有或新增项目的CCER开发潜力，收集好相关材料，做好准备工作。企业需要运用信息化工具用于加强日常CCER管理，尤其大型集团企业，建立内部碳资产数据库，及时统计分析CCER信息和有效管控CCER各项业务的操作流程。

五、充分依托专业机构支撑CCER管理

CCER开发交易是一项专业性强、程序复杂的工作，做好这项工作，对于人员综合素质要求较高，既要有全面的技术能力，也要有丰富的实操经验，但是目前这类人才比较稀缺。另外，对于大多数企业来说，CCER相关工作不是其主责主业，一般没必要耗费过多财力和精力专门组建和运营一个专业团队。为管理好CCER，建议企业充分依托专业机构提供支撑，可选择知名度高、成立时间长、注册资本大、服务过大企业和在交易机构有良好记录的碳资产管理公司。专业机构可以为企业提供全面的CCER管理解决方案，涉及CCER开发、交易、托管和管理制度建设等。

第五章

绿证交易市场

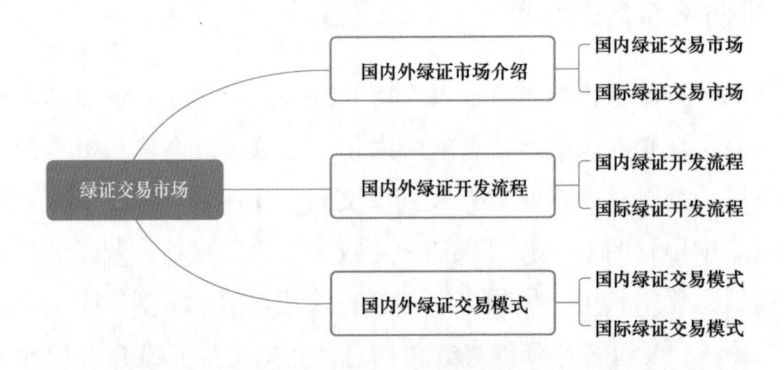

第一节　国内外绿证市场介绍

绿色证书（Tradable Green Certificates，TGC）可在绿色证书市场上交易，绿色证书交易系统就是可再生能源配额制度实施措施的具体化。在国际上，绿证交易制度通常是可再生能源配额制的配套政策。例如在英国、澳大利亚等国家和美国的部分州，售电企业需要遵照可再生能源配额制的规定，在销售电量的同时购买一定比例的绿证，绿证不足部分则需要缴纳罚款（也称为买断费用），与可再生能源配额义务相配套的绿证交易称为强制配额交易；但与此同时，除承担配额义务的主体外，任何企业和社会公众也可以自愿认购绿证，作为消费绿色电力、支持绿色电力发展的证明，这种交易行为就称为绿证的自愿认购。当市场主体未完成可再生能源配额时，有两种途径获取绿色证书：一是通过绿色证书交易市场从绿电厂商购买从而获得一定数量的可再生能源电量；二是通过绿色证书交易市场从电网公司购买绿色证书来证明自己获得一定比例的可再生能源电量。

一、国内绿证交易发展历程

为引导全社会绿色消费，促进清洁能源消纳利用，完善风电、光伏发电的补贴机制，2017 年 1 月 18 日，国家发展改革委、财政部、国家能源局联合印发《关于试行可再生能源绿色电力证书核发及自愿认购交易制度的通知》（发改能源〔2017〕132 号），试行绿证核发和自愿认购制度。国家对享受补贴的陆上风电和集中式光伏发电项目上网电量核发绿证，用户可通过购买绿证作为消费绿电的凭证。

2019 年 1 月 7 日，国家发展改革委、国家能源局联合印发《关于积极推进风电、光伏发电无补贴平价上网有关工作的通知》（发改能源〔2019〕19 号），明确平价（低价）上网的风光发电项目可核发绿证，并通过出售绿证获得收益。

2019 年 5 月 10 日，国家发展改革委、国家能源局联合印发《关于建立健全可再生能源电力消纳保障机制的通知》（发改能源〔2019〕807 号），要求从 2020 年起实施可再生能源电力消纳保障机制，明确各承担消纳责任的市场主体可通过购买绿证完成消纳责任权重。

2021 年 8 月 28 日，国家发改委、能源局联合印发《关于绿色电力交易试点工作方案的复函》（发改体改〔2021〕1260 号），启动电力交易机构开展绿电交易试点工作，要求建立全国统一的绿证制度，国家能源局组织国家可再生能源信息管理中心，根据绿色电力交易试点需要，向北京电力交易中心、广州电力交易中心批量核发绿证。

2022 年 8 月 15 日，国家发展改革委、国家统计局、国家能源局联合印发《关于进一步做好新增可再生能源消费不纳入能源消费总量控制有关工作的通知》（发改运行〔2022〕1258 号），明确新增可再生能源消费不纳入能源消耗总量和强度控制，以绿证作为可再生能源电力消费量认定的基本凭证。

2023 年 7 月 25 日，国家发展改革委、财政部、国家能源局联合印发《关于做好可再生能源绿色电力证书全覆盖工作促进可再生能源电力消费的通知》（发改能源〔2023〕1044 号）。将实现对全国风电（含分散式风电和海上风电）、太阳能发电（含分布式光伏发电和光热发电）、常规水电、生物质发电、地热能发电、海洋能发电等已建档立卡的可再生能源发电项目所生产的全部电量核发绿证，实现绿证核发全覆盖。文件明确，绿证是我国可再生能源电量环境属性的唯一证明，是认定可再生能源电力生产、消费的唯一凭证，用于可再生能源电力消费量核算、可再生能源电力消费认证等。

可交易绿证除用作可再生能源电力消费凭证外，还可通过参与绿证绿电交易等方式在发电企业和用户间有偿转让。绿证对应电量不得重复申领电力领域其他同属性凭证。

二、国际绿证交易市场

荷兰在 2001 年就已经开展绿证交易，在这之后，日本、美国、英国、法国、意大利、加拿大、澳大利亚等 20 多个国家均实行了绿证交易。国际成功经验表明，推行绿色电力证书交易，通过市场化的方式，给予生产清洁能源的发电企业必要的经济补偿，是可再生能源产业实现可持续健康发展的有效措施，也是一种市场化的补贴机制。

我国企业除了参与国内绿证市场，还可参与国际绿证的交易，包括 APX TIGR、I-REC 两种类型。

APX TIGR（APX TIGR 标准）国际绿证签发机构创建了可再生能源证书注册、追踪、转移的在线平台，其追踪北美以外地区企业可再生能源采购情况，APX 签发的绿证叫 TIGRS。APX 上的可再生能源资产目前主要以无补贴的电站项目为主，所产生的平价绿证交易价格在 25～30 元/MWh 左右。该类绿证认证机构总部位于美国，主要为无补贴项目产生的绿证。

国际绿证 APX 网址：https://apx.com/。

I-REC（I-REC 标准）是一个非盈利组织，旨在全球推广能源属性跟踪系统（REC 系统）。这是为了促进一种一致和可核查的产品，使世界所有区域的消费者能够可靠和透明地选择可再生电力，该类绿证认证机构总部位于荷兰，此前针对中国市场，签发对象仅限于国有企业。目前，I-REC 取消了针对发行主体的条件限制，允许国有企业和非国有企业平等参与。对于已经进入国家补贴名录，但尚未在 I-REC 注册的可再生能源发电项目，不再签发 I-REC 国际绿证；自 2023 年 1 月 1 日起，所有已获得国家财政补贴的可再生能源发电项目不再签发 I-REC 国际绿证。I-REC 体系中包括参与者（Participant）、注册者（Registrant）和签发机构（Issuer）。

参与者指的是任何希望持有或交易 I-REC 的个人或组织必须在 I-REC 登记注册系统（https://www.irecstandard.org/registries/#/）至少拥有一个账户。希望购买和兑换 I-REC 证书的最终消费者可以是参与者，也可以是现有参与者的客户，参与者将代表他们持有账户。参与者可以开立两种类型账户，包括交易账户允许 I-REC 证书转移到另一个参与者或最终消费者；抵销账户允许参与者注销证书，抵销账户中的证书不能再次交易或转移到其他账户。

注册者可根据 I-REC Code，在北美和欧洲以外的地区的可再生能源发电设施申领国际绿证，具体项目类型包括：光伏发电、陆上及海上风电、水电、潮汐发电、海浪发电、海洋流发电、海洋压力发电、生物质发电、沼气发电、可再生热力发电和混合燃料发电。发电设施在产生 I-REC 证书之前必须在 I-REC 系统中注册。这些发电机的所有者能够注册发电设施并代表自己请求 I-REC 证书签发，或通过指定第三方代理。负责注册发电设施并请求频繁签发 I-REC 证书的个人或组织称为注册者。发电设施可以开立账户并持有、交易或随后抵销已签发的 I-REC 证书——即成为参与者，也可以将签发的 I-REC 证书交付给对方的账户——即与现有的市场参与者合作。发电设施不一定在 I-REC 登记注册系统中持有账户，但必要时可以同时申请成为注册者和参与者。

签发机构指的是一个国家或地区的签发机构可以是政府机构或独立实体，最好是在政府当局的承认和支持下行事。签发机构负责发电设施的登记、监督和核实发电数据报告，并根据报告的发电情况签发 I-REC 证书。签发机构须与 I-REC 组织签订合同，I-REC 组织负责维护登记注册系统。

国际绿证和国内绿证在认证标准和交易环节有所不同。国际绿证可以来自水电项目，国际绿证可以多次交易。

第二节　国内外绿证开发流程

绿证的注册平台、技术属性、有效时间不同。企业要根据自身需求或客户、总部的要求，选择合适的绿证（见表 5-1）。国内企业可选择 3 种绿证：中国绿证 GEC、国际绿证 I-REC 和 APX。

表 5-1　　全球绿证种类

国家或地区	名称	发行机构	目标	范围
国际	国际绿色电力证书(I-REC)	I-REC 标准基金会及其授权机构	记录和声明企业对风、光、水等可再生能源发电方式的使用	适用于没有本地 REC 制度的国家或地区

续表

国家或地区	名称	发行机构	目标	范围
美国	可再生能源证书（REC）	联邦、州和区域性机构，如 EPA、CARB、RGGI 等	促进各类可再生能源在电力、供暖和交通部门中替代化石燃料	分为强执行和自愿性两类市场
欧盟	欧洲保证原产地（GO）	欧洲保障原产地协会及其成员机构，如 AIB 等	追踪和披露欧盟成员国之间的可再生电力交易，并提高消费者对清洁电力来源的信任度	适用于所有欧盟成员国及挪威、冰岛等
中国	绿色电力证书（GEC）	国家能源局、国家发改委等联合发布《关于完善可再生能源绿色电力证书制度的通知》文件，并由中国绿证交易平台管理中心负责运营管理	鼓励企业自愿购买和使用清洁电力，促进可再生能源消纳和市场化发展，降低补贴依赖和弃风弃光现象	适用于全国范围内的风电、光伏、水电等可再生能源
美国	全球可再生能源交易证书（APX Tigrs）	由非营利组织 APX 负责核发	APX Tigrs 作为一种认可度较高的国际绿证，企业购买后可用于证明其以满足可再生能源使用比例要求、提升企业形象、出售获利或用于抵销企业碳足迹等	仅针对无补贴项目进行核发，核证项目范围包括生物质能、地热能、氢能发电、聚光太阳能发电、光伏发电、风电等

一、国内绿证开发流程

2024 年 6 月 24 日，国家能源局综合司发布了关于启用国家绿证核发交易系统的公告。其中，为落实相关工作要求，切实提升绿证核发效率，推动绿证核发全覆盖，定于 2024 年 6 月 30 日正式启用国家绿证核发系统。

国家绿证核发交易系统包含绿证申报管理、绿证交易管理、绿证异议处理等功能模块。如图 5-1 所示，总体分为承诺书申领、绿证申领、库存分发、发起异议、异议核实等业务流程。

1. 承诺书上传/提交

当用户首次登录系统时，系统自动跳转至【绿证申报管理】—【申领承诺书】，用户点击【点击下载模板】，用户填写、盖章并上传承诺书后，系统自动审核（若自动审核不通过，需用户重新提交，多次失败后需等待人工审核），如图 5-2、图 5-3 所示。

审核通过后，页面显示“您的承诺书审核已通过，请点击【确定】并填写填报人员后开始申报”，此时勾选【我已阅读并同意申领绿证承诺书】，点击【确定】，进入【系统管理】-【人员授权管理】页面，点击【修改】按钮，填写人员信息并点击【保存】后，可进行发电量申报。

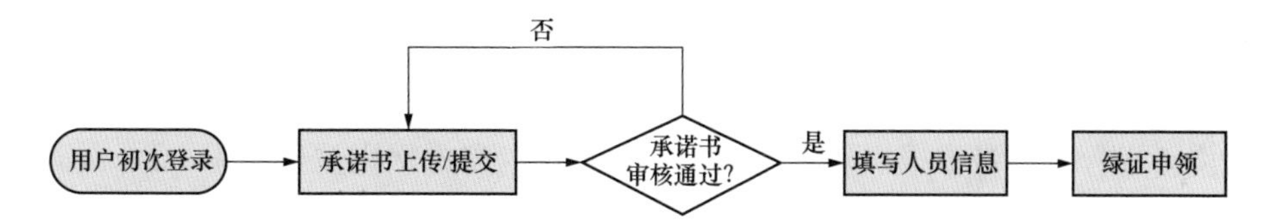

图 5-1　承诺书申领流程

图 5-2　绿证申领承诺书

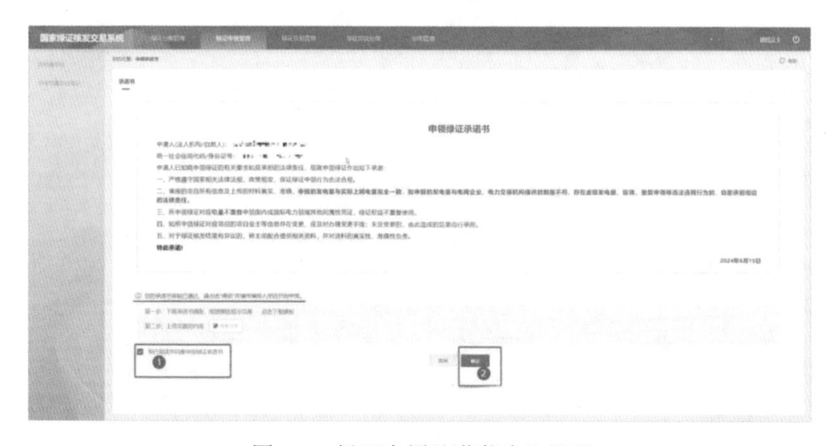

图 5-3　绿证申领承诺书确认界面

2. 绿证申领与核发

绿证申领与核发流程如图 5-4 所示，申领承诺书审核通过后，用户可在【绿证申报管理】-【发电量申报功能】页面进行绿证申领。如图 5-5、图 5-6 所示，填写绿证申领信息，首先选择申报绿证的项目，在电量生产年月中点选要申报的电量生产年月，在对应的数据框中填写对应的申报电量信息，并上传相关附件，点击【确认提交申报信息】按钮。

若申报数据未通过初核，则需在【绿证申报管理】-【发电量申报功能】页面重新进行发电量申报。若申报数据通过初核但与电网电量比对不一致，用户可在【绿证申报管理】-【申报电量异议确认】页面选择【是否同意电网推送电量数据】。若同意，则按照电网电量数据进行绿证核发；若选择不同意，则电网重传电量，重传后若比对一致则正常进行绿证核发，若不一致，则由工作人员进行争议处理。

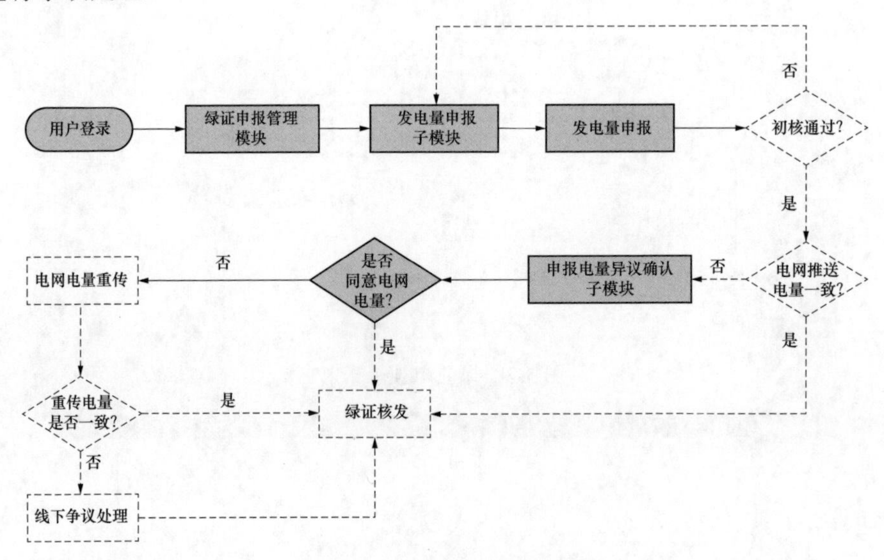

图 5-4 绿证申领与核发流程

图 5-5 选择申报项目

图 5-6　填写发电量信息

3．库存分发

核发绿证后，用户可在【绿证交易管理】-【绿证上架分配】模块将核发后的可交易绿证上架至各交易平台。系统提供单项分配和批量分配两种分配模式，其中单项分配模式下用户可将单项目下的绿证分配至各交易平台，批量分配模式则是用户选择多项目批量分配至各交易平台。

用户将库存分配至各交易平台后，可在各交易平台进行商品维护、上架等操作。

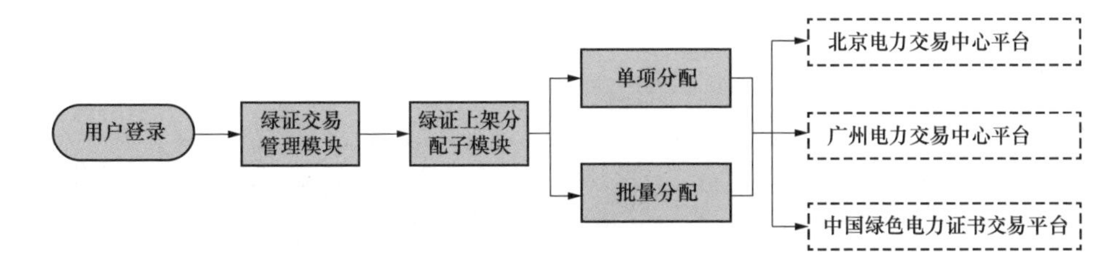

图 5-7　绿证库存分发流程

4．发起异议及异议核实

异议申请及处理流程如图 5-8～图 5-11 所示。系统提供发起异议功能，用户对已核发绿证的核发数量存在异议时，可进入【绿证异议处理】-【我的异议申请】模块发起异议申请，对存疑项目绿证发起冻结，冻结后按照审批意见进行绿证数量调整，调整完毕后对绿证进行解冻，解冻后用户可正常进行库存分发等操作。

针对工作人员冻结的绿证，用户可在【绿证异议处理】-【多方异议核实】模块进行异议信息确认。

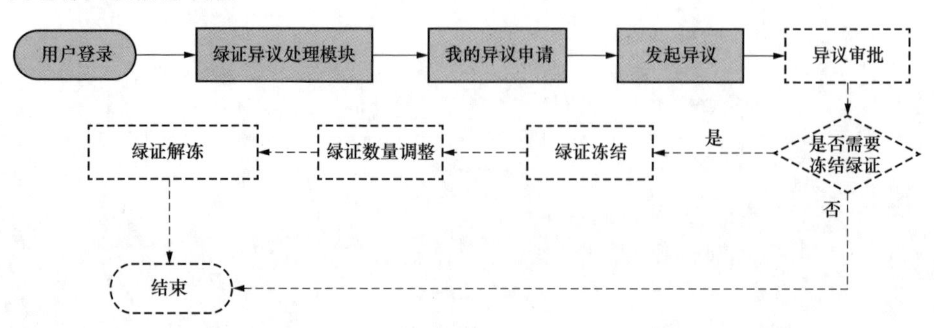

图 5-8 异议申请流程

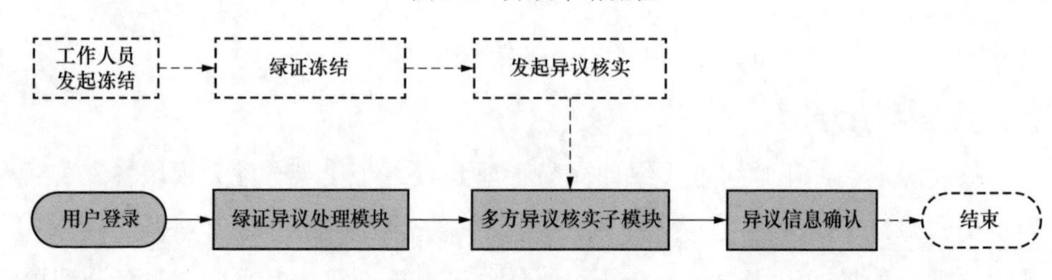

图 5-9 异议处理流程

绿证申领

项目信息

项目名称：	场项目	以核准（审批、备案）文件的项目名称为准
项目代码：	PWC12123	核准（审批、备案）通过后生成的项目代码
项目单位：	有限公司	申报绿证的项目单位名称
项目所属批次：	财政部第六批	项目所属批次
联系人姓名：		联系人姓名
联系人电话：		联系人电话

申领信息

申领年份	2017年	绿证对应的年份
申领月份	1月	绿证对应的月份
当月结算电量	1010000	单位：kWh（度），当月项目单位实际与电网结算的电量
当月结转电量	0	单位：kWh（度），当月绿证未核发的电量（即不足1000kWh的电量，结转到下次一并申领）。例如当月结算电量1000010kWh，可申领绿证电量为1000000kWh，结转电量为10kWh
当月可用于绿证申领的结转电量	0	单位：kWh（度）
预计申领绿证数量	1010个	单位：个，实际绿色核发数量以审核后数量为准

附件信息

结算单	105.jpg	电网与项目单位间当月电量结算单（盖章或签字）扫描件
转账凭证	107.jpg	银行出具的当月电费结算转账凭证扫描件，项目单位可向电网索取
发票	107.jpg	项目单位出具的当月电费发票扫描件
其他证明	审批表.pdf	其他证明扫描件

审核意见

序号	审核人	审核结果	审核意见	审核时间
1	信息中心用户	修改补充	请修改结算电量信息	2017-02-21 10:53
2	信息中心用户	通过	通过	2017-02-21 16:27

说明：本页信息由月度运行信息自动生成，不可编辑。如需更改，请在线提交运行信息变更申请，待信息中心通过后在项目运营中修改。

返回

图 5-10 异议核实通过

图 5-11　异议核实后更新绿证数量

二、国际绿证开发流程

I-REC 项目的开发流程分为注册阶段、申请阶段、签发阶段、交易阶段和注销阶段。

注册阶段：发电设施只需要由注册者进行一次性的注册（有效期 5 年）。注册者可以是设备所有者或代表发电设施的第三方。其中发电设施所属企业必须始终遵守国家有关电力生产的规定。在每个不同的国家或地区电力市场，这些规定将是不同的，例如需要发电许可、电力频率管理、电网平衡责任等。所需提交的资料包括《I-REC设施登记表》及其他属地要求文件。若注册者非本人所有，还需提供《所有者委托授权书》。

申请阶段：发电设施与当地 I-REC 签发机构之间必须签署合同并提交实际发电数据。负责向签发机构提供此信息并申请 I-REC 证书的人或组织是发电设施指定的注册者。在 I-REC 签发之前，所有发电数据必须由国家电网运营商、国家监管机构或公共服务机构担任的第三方审核。签发机构将审核注册者声明的属性是否真实，并查验第三方核实的信息。

签发阶段：签发机构在收到并审核通过第三方核实的信息后，将在登记注册系统中为发电设施创建并签发相关的 I-REC 证书。发电设施必须指明账户接收被签发的 I-REC 证书，每次签发的账户可以不同。

交易阶段：签发给交易账户的 I-REC 可以从一个交易账户转移到另一个交

易账户。交易账户的所有人有权按照自己的意愿移动、交易或出售证书。无论出于何种目的，交易账户的所有者都是该账户中所有 I-REC 的所有者。

注销阶段：注销发生在 I-REC 证书被移动到抵销账户时。一个参与者可以在 I-REC 登记注册系统上拥有多个抵销账户。较小的 I-REC 终端消费者可能会与现有的参与者签订一个抵销账户的合同。较大的 I-REC 用户可选择在 I-REC 登记注册系统上开立交易账户和抵销账户，成为 I-REC 参与者。

由于 APX TIGRS 为第三方非政府组织签发并推行的绿证，因此，不存在强制性的交易规则，由各国企业根据实际需求申请核发并通过协商等方式签订 I-REC 买卖合同。根据中国能源报的有关报道，APX TIGRS 的价格一般为 30 元/张左右。

第三节　国内外绿证交易模式

绿色证书作为政府激励可再生能源产业发展的工具，承担着一定的实现政策效果的使命。因此其价格的变动范围是有一定限制的。国内外绿证交易模式不尽相同。

一、国内绿证交易模式

国内绿证交易可通过中国绿色电力证书交易平台（https://www.greenenergy.org.cn/）、北京电力交易中心绿色电力证书交易平台（https://www.nepx.com/）、广州电力交易中心南方区域电力交易系统（https://gp.poweremarket.com/）开展交易。本节以北京电力交易中心为例，介绍绿证交易主体参与交易的步骤。

（一）绿证交易用户注册

本小节以北京电力交易中心平台为例展示绿证交易流程。

1. 功能说明

【绿证交易用户注册】主要实现符合绿证交易准入的社会主体登录绿色电力证书交易系统或北京电力交易平台填报注册信息，申请成为绿证交易用户的功能。用户通过北京电力交易中心统一门户网站（网址：https：//www.nepx.com）选择右侧应用进入，如图 5-12 所示。

图 5-12　北京电力交易中心统一门户网站

2. 功能步骤

（1）进行平台注册。

访问绿色电力证书交易系统或北京电力交易平台进行注册，如图 5-13 和图 5-14 所示（已在电力交易平台注册的用户请使用原有账户密码直接登录，未注册的新用户请按操作说明进行注册）。

图 5-13　绿色电力证书交易系统注册

图 5-14　北京电力交易平台注册

（2）进行账号注册。

填写登录账号、密码、手机号及短信验证码完成账号注册，如图 5-15 所示。

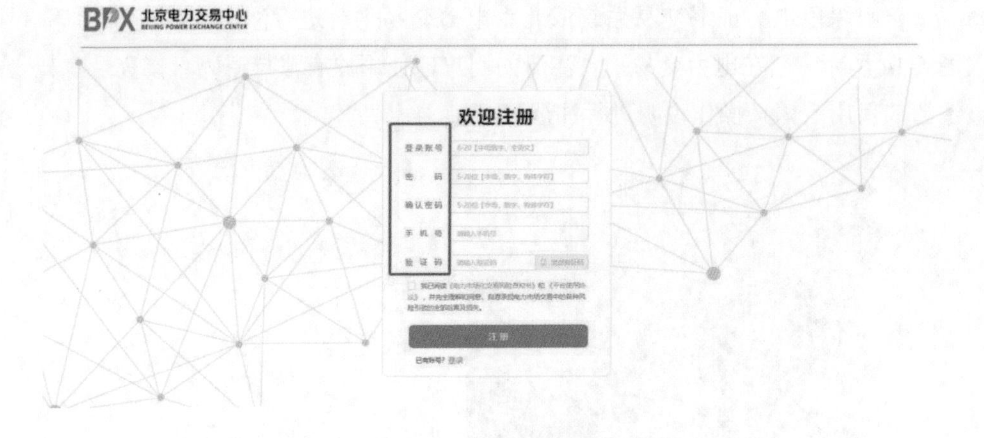

图 5-15　账号注册页面

（3）执照类型选择。

如图 5-16 所示，点击【企业认证】，直接进入主体类型选择页面，如图 5-17 所示。选择绿证用户及执照类型（执照类型选择后无法修改，请根据实际具有的执照选择，且不同的执照类型注册信息存在差异），阅读并同意入市相关协议，点击【下一步】。

图 5-16　注册成功—企业认证

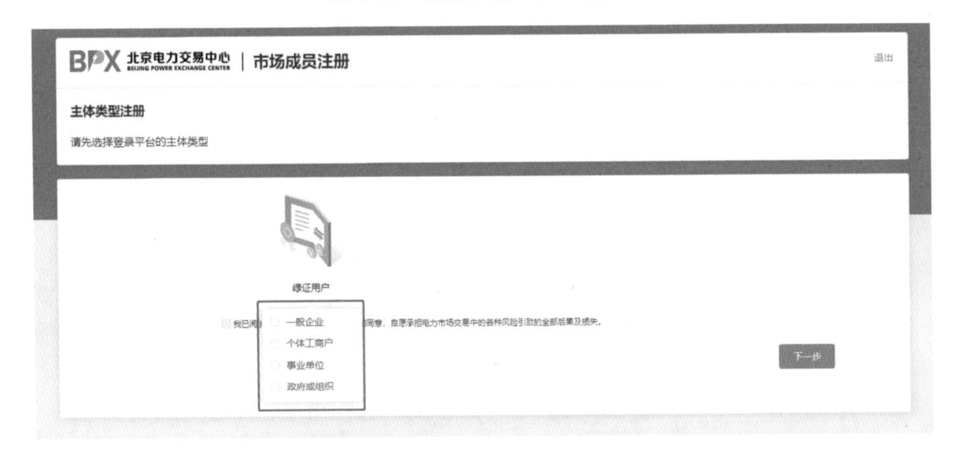

图 5-17　主体类型选择页面

（4）注册信息填报。

在图 5-18 所示的注册信息填报页面依次填报工商信息、法定代表人信息、银行开户信息、联系信息等，注册信息默认为必填项，其中带有“（选填）”字段为非必填项。完成信息填报后，直接点击【提交】按钮，完成绿证用户注册。

工商信息：上传工商营业执照后，系统可通过图像识别自动填充信息，操作人员需再次确认识别信息是否正确，如果不正确需手动更改，如图 5-19 所示。

法定代表人信息：按照要求进行填写法人姓名、证件号码、法人手机号等信息，如图 5-20 所示。

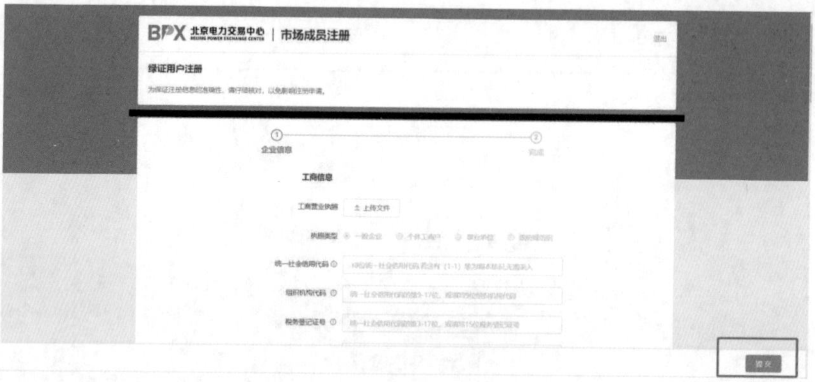

图 5-18 注册信息填报页面

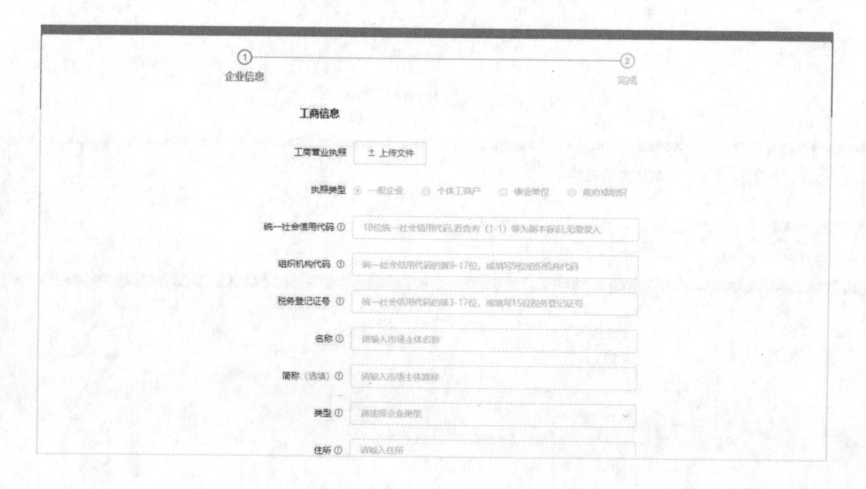

图 5-19 工商信息填报页面

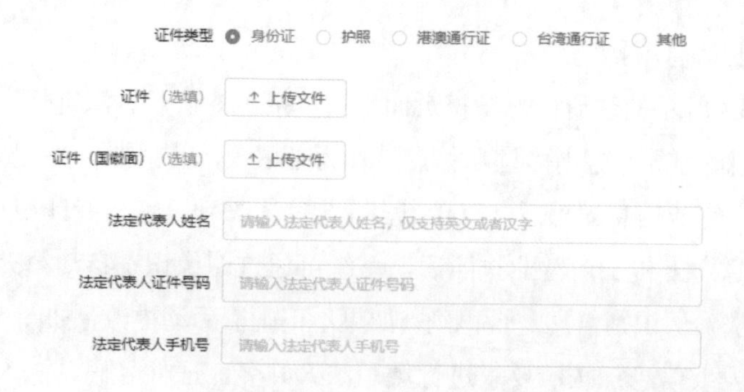

图 5-20 法定代表人信息填报页面

银行开户信息：其中开户银行、开户银行机构，银联银联号可通过查询进行填报，具体操作步骤如下：选择开户银行机构，输入银行名称关键字，点击【查询】按钮，点击符合条件的银行信息即可填充相关信息，如图 5-21 所示。

图 5-21　银行开户信息填报页面

联系信息：需填写授权代理人姓名、地理区域、手机号（申请数字证书时使用的该手机号）等信息，如图 5-22 所示。

图 5-22　联系信息填报页面

附件上传：点击模板下载授权代理人授权模板文件，按照模板格式要求上传代理人授权文件，其他补充材料可上传至其他附件，备注附件用途等信息，如图 5-23 所示。

（5）申请数字证书。

绿证绿证交易用户注册成功以后可以选择证书办理或者登录绿证交易技术支撑系统（已办理 CFCA 数字证书的用户可使用持有的 Ukey 进行登录、签名及验证操作，其他用户须申请办理免费 CA）。

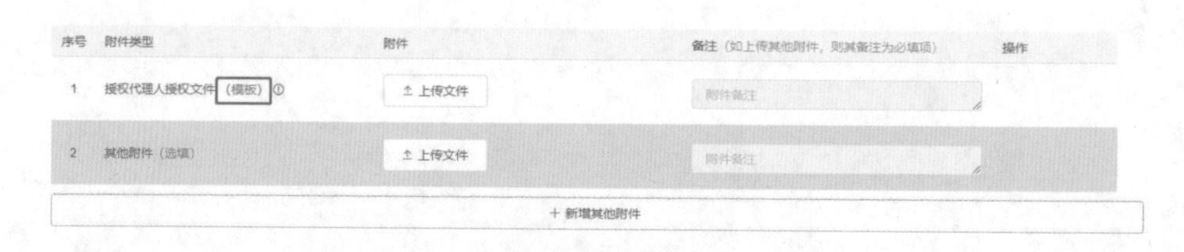

图 5-23　附件上传页面

在图 5-24 所示界面点击证书办理，设置和确认证书 PIN 码，阅读并同意相关服务协议后点击确定开始申请数字证书，证书申请成功后可进入绿色电力证书交易系统办理相关业务。

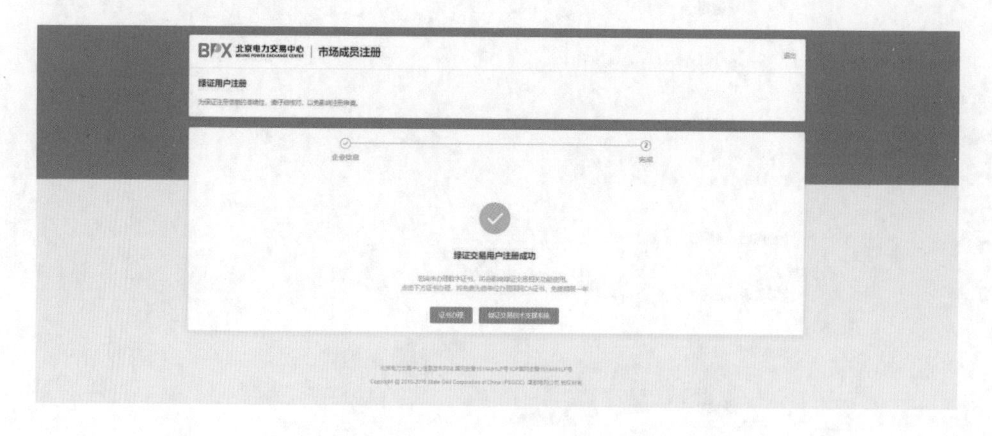

图 5-24　绿证交易用户注册成功界面

（二）绿证交易用户信息更新

1. 功能说明

用户可登录绿色电力证书交易系统或北京电力交易平台进行信息更新，【绿证交易用户信息更新】主要实现已经完成绿证交易注册的绿证交易用户登录平台，通过【绿证用户信息】菜单查看其基本信息，如需变更信息，修改信息后直接提交即可。

2. 功能步骤

登录北京电力交易平台，如图 5-25 所示选择短信登录方式，输入账号密码，点击【登录】，并录入手机验证码，如图 5-26 所示，完成验证后登录平台。

图 5-25　短信登录

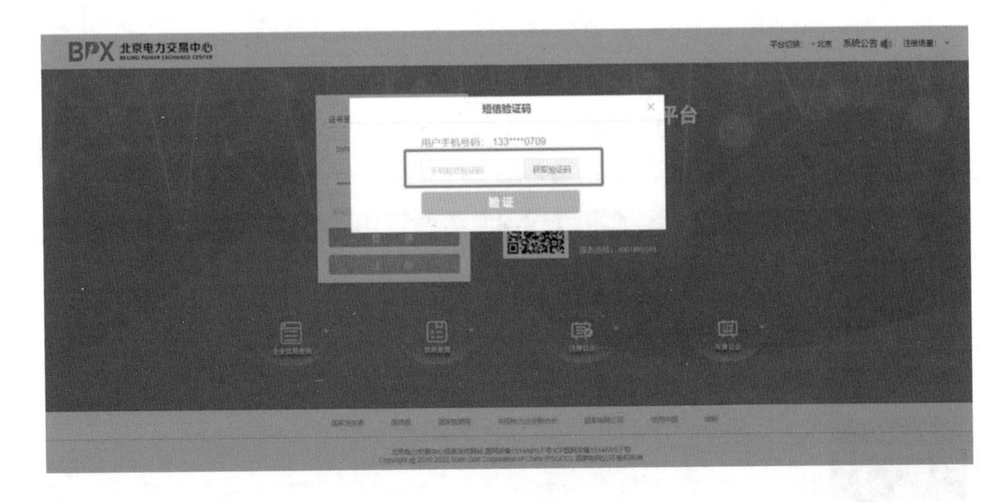

图 5-26　短信登录验证

查看基本信息。如图 5-27 所示，进入【绿证用户信息】菜单，点击“解除脱敏”按钮，查看其基本信息。如需变更基本信息，可在本页面修改后，直接提交即可。

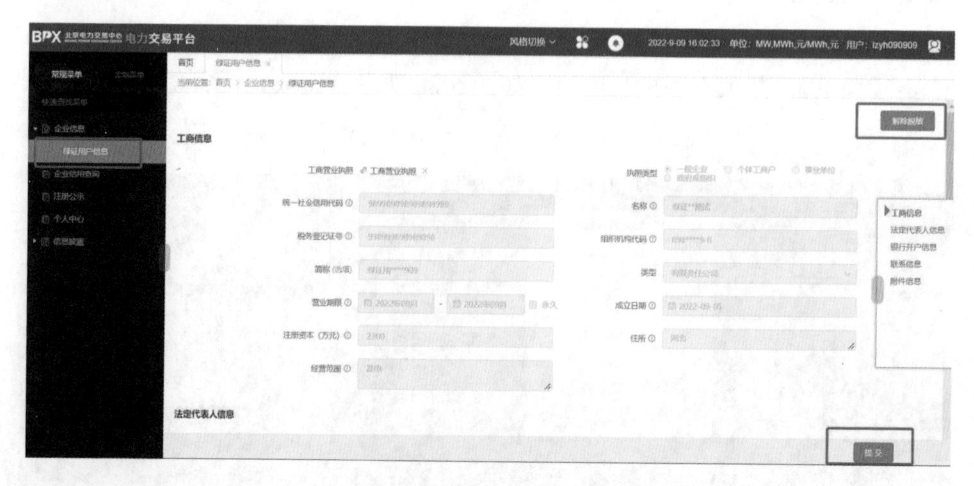

图 5-27 绿证用户信息

（三）电力交易市场主体绿证业务申请

1. 功能说明

【绿证业务申请】是电力交易平台市场主体参与绿证交易业务申请和相关信息维护功能，电力交易市场主体如需参与绿色电力证书交易，可通过绿色电力证书交易系统或北京电力交易平台进行业务申请或信息维护。

2. 功能步骤

打开北京电力交易平台，使用交易平台注册的市场主体账号登录平台，如图 5-28 所示，进入【绿证业务申请】菜单，点击“解除脱敏”按钮，核对基本

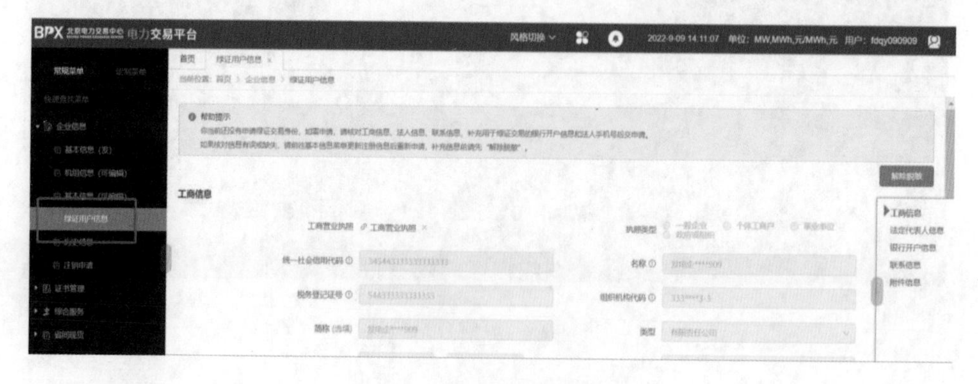

图 5-28 绿证业务申请页面

信息并补录银行开户信息，点击提交按钮即可完成绿证交易身份申请（注：如注册信息有误或缺失，需登录原注册地所在电力交易平台修改基本信息生效后，再申请绿证交易身份）。

（四）绿证交易用户登录

1. 功能说明

实现绿证交易用户登录绿色电力证书交易系统的功能。

2. 功能步骤

已注册生效的市场主体即绿证交易用户，通过北京电力交易中心统一门户网站右侧“绿色电力证书交易”快捷入口访问应用，如图 5-29 所示。进入登录页直接输入账号、密码、验证码完成登录，如图 5-30 所示。

图 5-29　北京电力交易中心统一门户网站

图 5-30 绿色电力证书交易系统登录页

（五）资料数据确认

1. 功能说明

主要实现初次登录成功的绿证交易用户的用户信息确认功能，信息确认后将允许该用户参与绿证交易。

2. 功能步骤

（1）用户信息确认。

如图 5-31 所示，在个人中心—我的资料页面，勾选“已阅读并同意《绿证交易入市协议》”，点击【数据确认】完成数据确认操作。

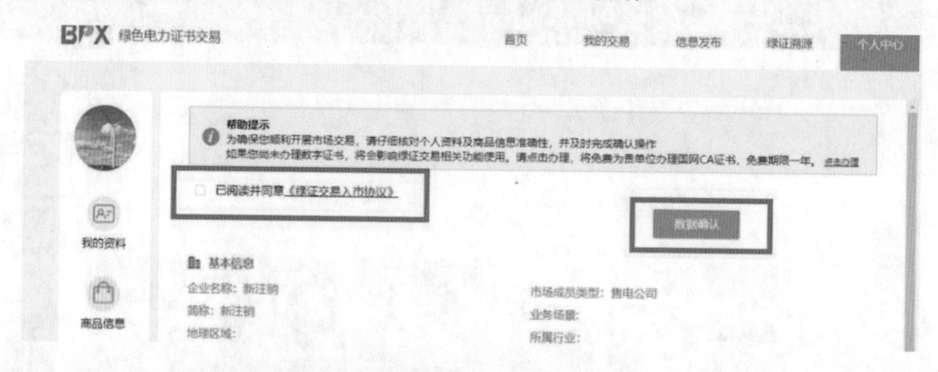

图 5-31 我的资料—数据确认页面

（2）资料编辑。

如图 5-32 所示，市场主体可点击【编辑】按钮修改联系方式和银行信息，修改完成后点击【确认修改】保存修改记录，点击【取消修改】取消修改操作。

（3）办理数字证书。

如市场主体未办理数字证书，将会影响绿证交易相关功能使用。登录成功后，如图 5-33 所示，在个人中心—我的资料，在顶部提示框点击【确认办理】，跳转至新一代电力交易平台办理国网 CA 证书，如图 5-34 所示。

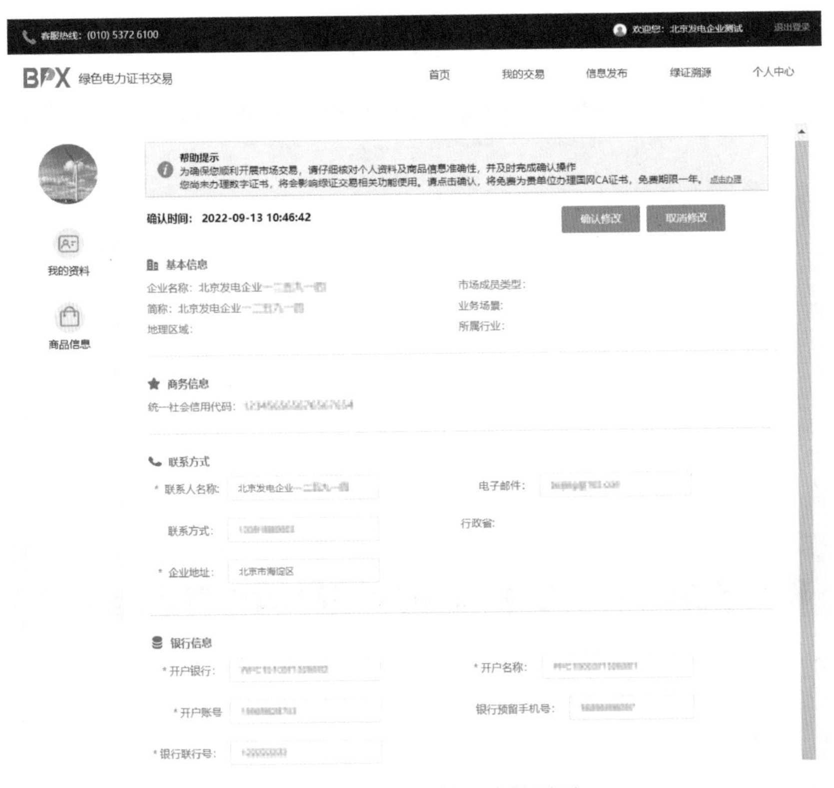

图 5-32　我的资料—编辑页面

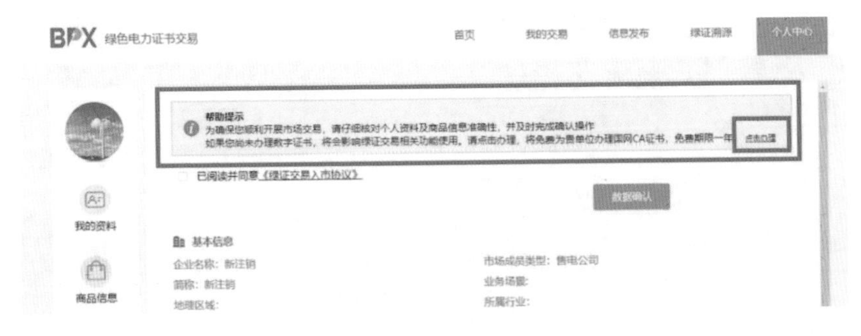

图 5-33　我的资料—证书办理

（六）商品信息数据确认

1. 功能说明

主要实现绿证交易用户的绿证商品信息的确认功能，信息确认后将允许该绿证商品参与绿证交易。

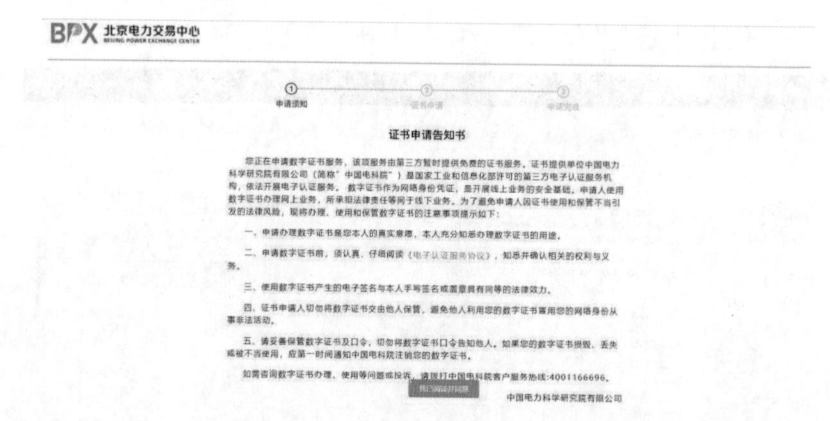

图 5-34 新一代电力交易平台—国网 CA 证书办理页面

2. 功能步骤

在个人中心左侧点击【商品信息】，切换至商品信息页面查看绿证商品列表并对推送至平台的市场主体所拥有的绿证商品信息分别进行确认，如图 5-35 所

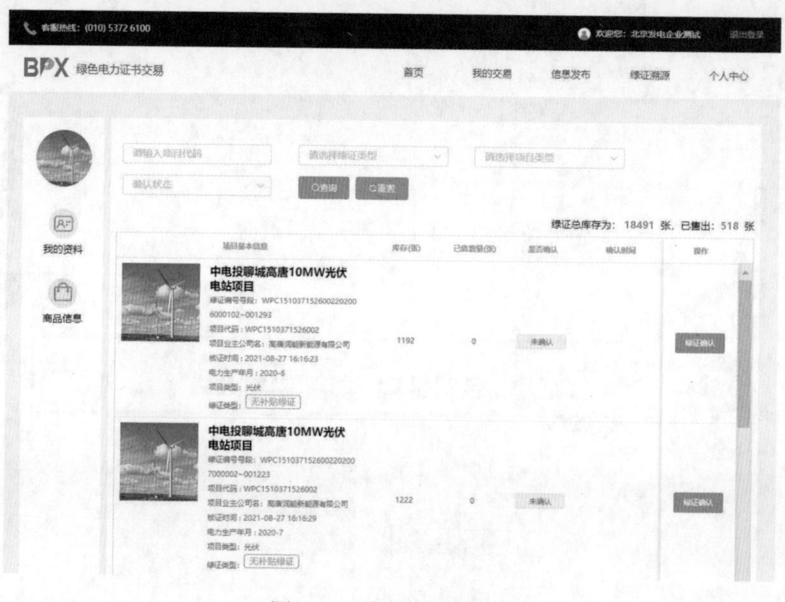

图 5-35 商品信息页面

示，点击【数据确认】按钮，确认该条商品信息。

（七）首页

如图 5-36 所示，首页主要展示绿色电力证书市场交易情况，包括累计交易情况、今日交易情况、绿证库存情况、绿色电力发展贡献榜、实时售方挂牌情况、绿证求购动态等统计展示信息。

图 5-36　网站首页

（八）我的交易

如图 5-37 所示，“我的交易”页面主要展示用户的绿证交易情况、资金结算情况、绿证交易类别统计以及交易价格情况等内容，左侧为交易相关功能快捷入口。

（九）双边交易

1. 功能说明

实现绿色电力证书的双边协商交易功能。由发电企业和用户通过协商达成交易意向，确定绿证交易相关信息。在开市期间，由发电企业申报交易信息，双方确认后交易达成。

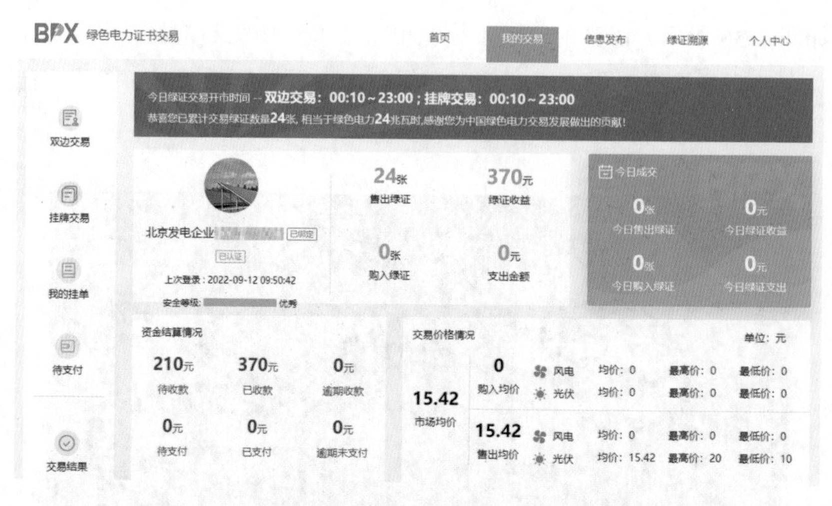

图 5-37 “我的交易”页面

2. 功能步骤

（1）售方申报。

如图 5-38 所示，在我的交易页面顶部查看双边交易开市时间段，并点击左侧快捷按钮【双边交易】进入双边交易操作页面。

图 5-38 我的交易—双边交易

进入双边交易页面，绿证双边交易申报方式采用售方申报，购方确认的形式。如图 5-39 所示，首先点击【购方】输入框在购方列表中选择本次交易的购方。

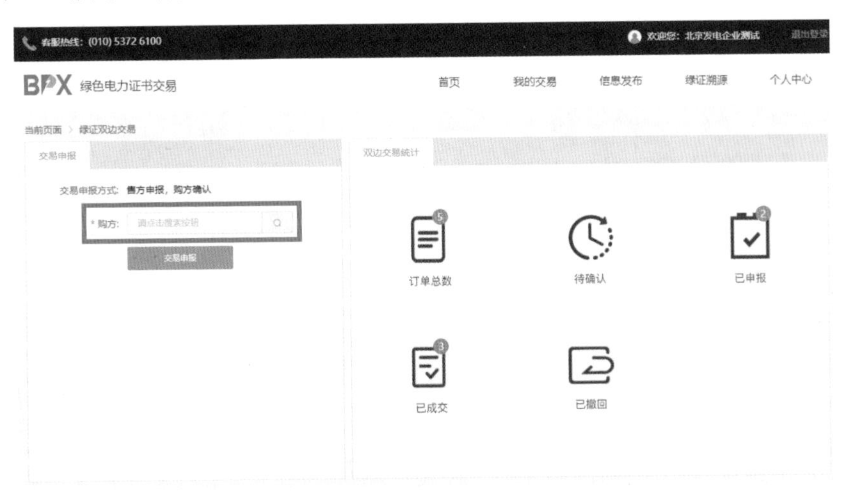

图 5-39　双边交易申报—选择购方

选择购方完毕后，点击【交易申报】，选择需要进行交易的绿证，如图 5-40 所示，选择支付方式（目前仅支持线下支付）并填写最晚付款时间，在列表中输入交易的申报单价及申报数量，复选框勾选编辑好的绿证商品，点击【确定】，完成绿证商品的选择。

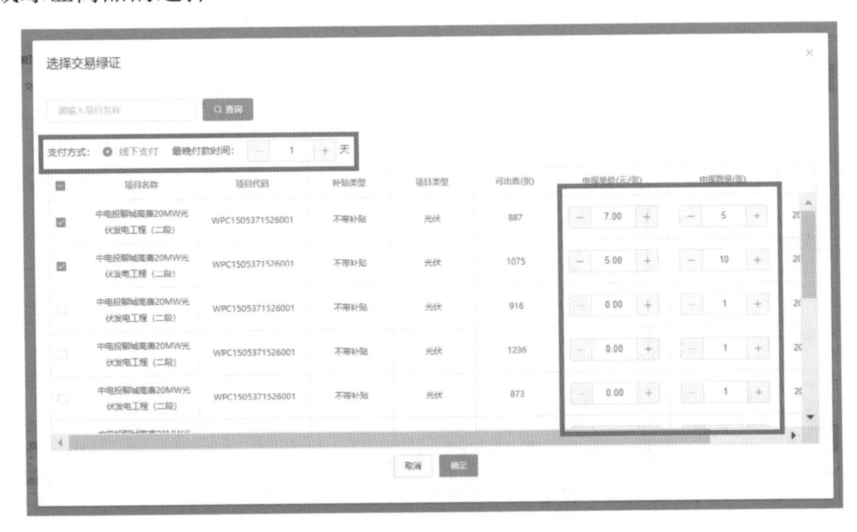

图 5-40　选择交易绿证弹窗

选择交易绿证点击【确定】后，在确认信息弹窗核对交易申报信息，选择认证方式，系统现支持 Ukey 认证和 e-交易认证两种方式。

1）Ukey 认证。如图 5-41 所示，选择 Ukey 认证方式，点击【确认】。

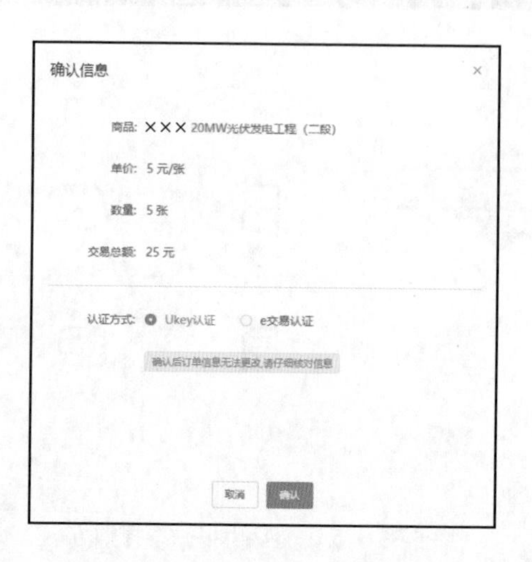

图 5-41 确认信息弹窗（Ukey 认证）

在电脑上插入 Ukey，弹出认证界面后输入正确的账号密码，点击【确认】，完成认证。

2）e-交易认证。如图 5-42 所示，选择 e-交易认证方式，点击【确认】。

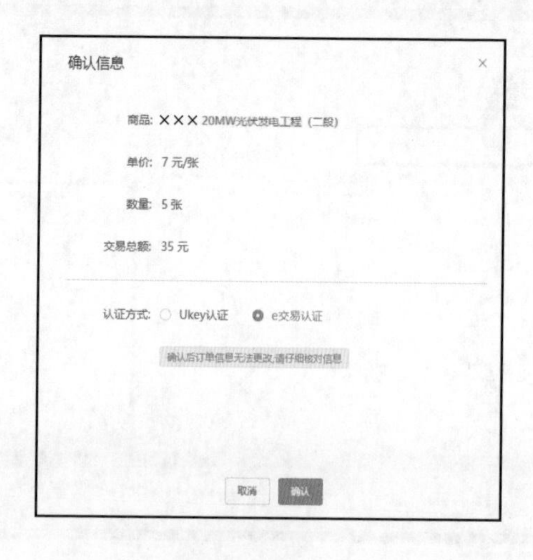

图 5-42 确认信息弹窗（e-交易认证）

如图 5-43 所示，提示请在“e-交易”App 中进行确认，点击【确定】，并在“e-交易”App 中完成身份认证。

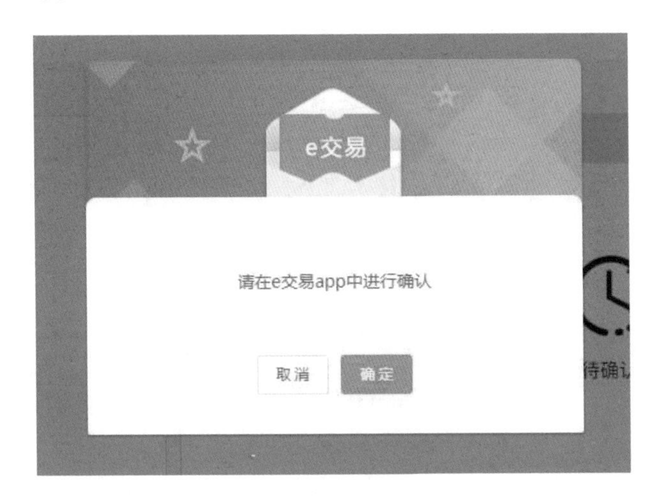

图 5-43　e-交易确认提示弹窗

认证成功，绿证双边交易申报成功，在页面下方可查看双边协商交易记录，如图 5-44 所示，等待购方确认。

图 5-44　双边协商交易记录

（2）购方确认。

购方在“双边协商交易记录”中查看售方申报的交易记录，如图 5-45 所示。点击【查看详情】可查看到具体订单详情，如图 5-46 所示。

图 5-45 购方查看详情

订单详情

售方名称	北京发电企业	购方名称	新注销
地理区域	徐汇区	地理区域	
联系人姓名	北京发电企业	联系人姓名	新注销
电话		电话	
企业地址	北京市海淀区	企业地址	北京市海淀区

项目名称	中电投聊城高唐20MW光伏发电工程（二段）	项目批次	2020年第一批
项目代码		绿证编号号段	
核证时间	2022-04-22 16:06:20	项目类型	光伏
电力生产年月	2019-6	补贴类型	不带补贴
项目地址	山东省	数量(张)	21
单价(元/张)	10	所属集团	

图 5-46 订单详情

如图 5-47 所示，确认好交易记录后，点击【确认】，选择认证方式，系统现支持 Ukey 认证和 e-交易认证两种方式。点击【拒绝】，拒绝该笔交易。

图 5-47 双边协商交易记录—购方确认

1）Ukey 认证。如图 5-48 所示，选择 Ukey 认证方式，点击【确认】。

图 5-48　选择认证方式（Ukey 认证）

在电脑上插入 Ukey，弹出认证界面后输入正确的账号密码，点击【确认】，完成认证。

2）e-交易认证。如图 5-49 所示，选择 e-交易认证方式，点击【确认】。

图 5-49　选择认证方式（e-交易认证）

进行“e-交易”App 身份认证。

身份认证成功后，完成购方确认操作。

（3）售方确认收款。

购方完成确认，并付款给售方后，售方在双边协商交易记录中点击【确认收款】，界面如图 5-50 所示。

图 5-50　售方确认收款

选择认证方式，系统现支持 Ukey 认证和 e-交易认证两种方式。

1）Ukey 认证。如图 5-51 所示，选择 Ukey 认证方式，点击【确认】。

图 5-51　选择 Ukey 认证方式

在电脑上插入 Ukey，弹出认证界面后输入正确的账号密码，点击【确认】，完成认证。

2）e-交易认证。如图 5-52 所示，选择 e-交易认证方式，点击【确认】。进行“e-交易”App 身份认证。身份认证成功后，完成售方确认收款操作；同时生成交易结果。

（十）挂牌交易

1. 功能说明

实现绿色电力证书的挂牌交易功能。由发电企业通过绿色电力证书交易系统，申报出售绿证数量、价格等挂牌信息，用户进行摘牌、确认，确认后交易达成，目前仅支持售方进行挂牌。

图 5-52　选择 e-交易认证方式

2. 功能步骤

（1）售方挂牌。

如图 5-53 所示，在我的交易页面顶部查看挂牌交易开市时间段，并点击左侧快捷按钮【挂牌交易】进入挂牌交易操作页面。

图 5-53　我的交易—挂牌交易

如图 5-54 所示，在挂牌交易页面，点击【挂单】，选择交易的绿证商品，填写挂出数量和绿证单价，如图 5-55 所示，点击【确定】。

挂牌信息填写完毕点击【确定】后，在确认信息弹窗中核对绿证挂单信息，核对无误后，选择认证方式，系统现支持 Ukey 认证和 e-交易认证两种方式。

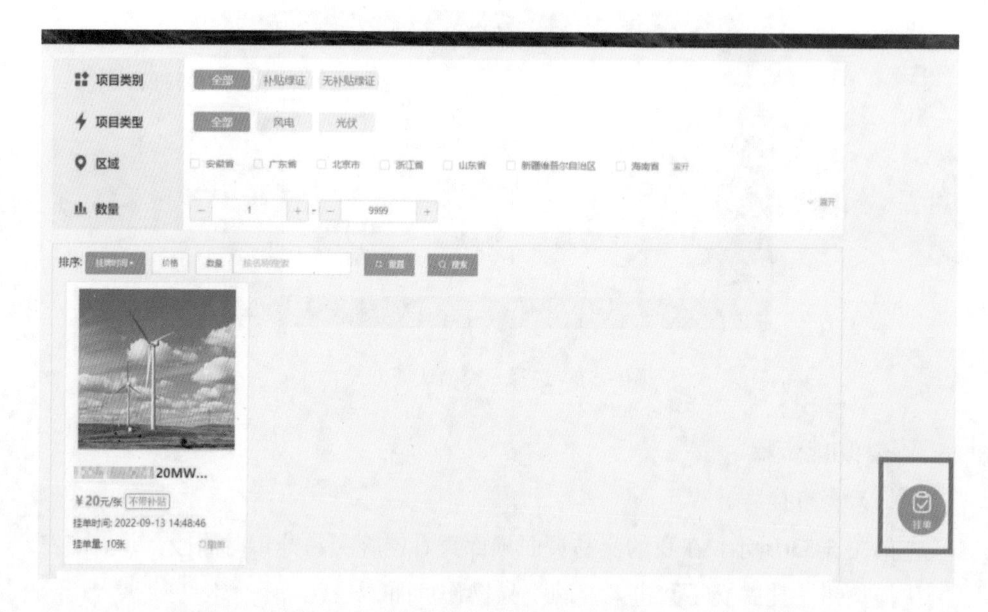

图 5-54 挂牌交易—挂单

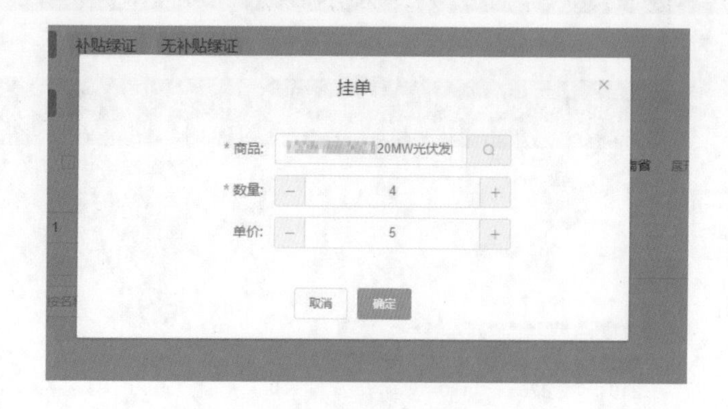

图 5-55 填写挂单信息

1）Ukey 认证。如图 5-56 所示，选择 Ukey 认证方式，点击【确认】。

在电脑上插入 Ukey，弹出认证界面后输入正确的账号密码，点击【确认】，完成认证。

图 5-56　确认信息弹窗（Ukey 认证）

2）e-交易认证。如图 5-57 所示，选择 e-交易认证方式，点击【确认】。

图 5-57　确认信息弹窗（e-交易认证）

如图 5-58 所示，提示请在“e-交易”App 中进行确认，点击【确定】，并在“e-交易”App 中完成身份认证。

如图 5-59 所示，身份认证成功后，完成挂牌操作，在商品列表页可查看目前挂牌情况。

图 5-58　e-交易确认提示弹窗

图 5-59　绿证挂牌商品列表

（2）售方撤单。

如售方想将挂出的绿证商品撤回，可在挂牌交易页面点击【撤单】，如图 5-60 所示。如图 5-61 界面所示，再点击【确认】完成身份认证，撤单成功。

图 5-60　挂牌交易—撤单

图 5-61　挂牌交易—撤单确认

（3）查看挂单。

如图 5-62 所示，在我的交易页面点击左侧【我的挂单】快捷按钮。进入我的挂单页面，即图 5-63 界面，查看该用户目前所有的挂单信息。点击挂出的绿证商品将在页面右侧以抽屉的形式展示挂单的详细信息。

图 5-62 我的交易—我的挂单

图 5-63 挂单页面

（十一）交易结果

1. 功能说明

实现绿色电力证书交易最终交易结果的展示以及证书查看的功能。

2. 功能步骤

（1）查看交易结果。

如图 5-64 所示，在我的交易页面左侧点击【交易结果】快捷按钮，进入交易结果页面，如图 5-65 所示。可查看到该用户完成绿证交易后的交易结果，包括购售双方、交易绿证信息、成交明细等。

图 5-64　我的交易—交易结果

BPX 绿色电力证书交易　首页　我的交易　信息发布　绿证溯源　个人中心

当前页面 > 绿证交易结果

售方名称　购方名称　查询　重置

项目名称	交易类型	售方名称	售方省份	购方名称	操作
20MW光伏发电工程（二期）	双边交易	北京发电企业	北京	新注册	查看证书
20MW光伏发电工程（二期）	双边交易	北京发电企业	北京	新注册	查看证书

图 5-65　交易结果页面

（2）查看证书。

当生成绿证交易结果后，同时会发起证书的制作流程。点击【查看证书】，如图 5-66 所示，如证书制作完成，即可查看证书图片；如还未制作完成，则会提示“证书正在制作中”。

（十二）绿证分配

1．功能说明

针对售电公司代理所属零售用户进行绿证交易的情况，在售电公司代理零售用户购买绿证后，提供将绿证按需分配的功能。

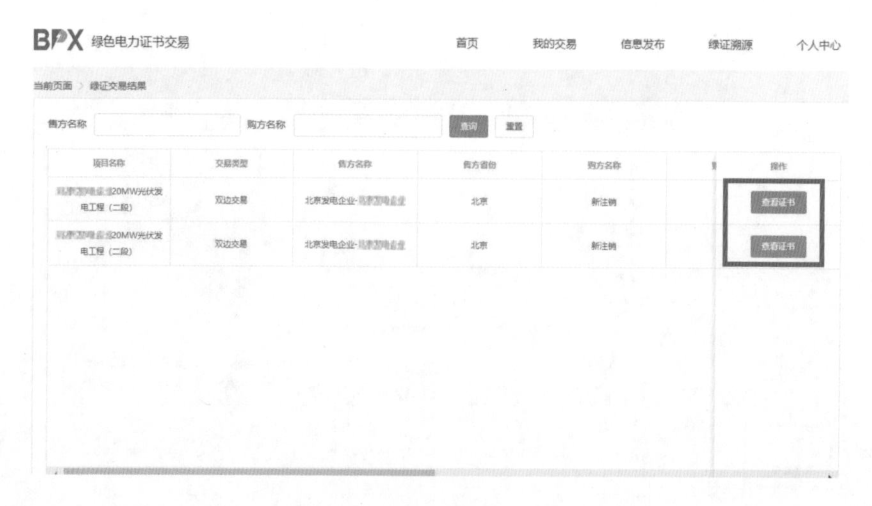

图 5-66　交易结果—查看证书

2. 功能步骤

（1）绿证分配。

如图 5-67 所示，在我的交易页面左侧点击【绿证分配】快捷按钮，进入绿证分配页面。

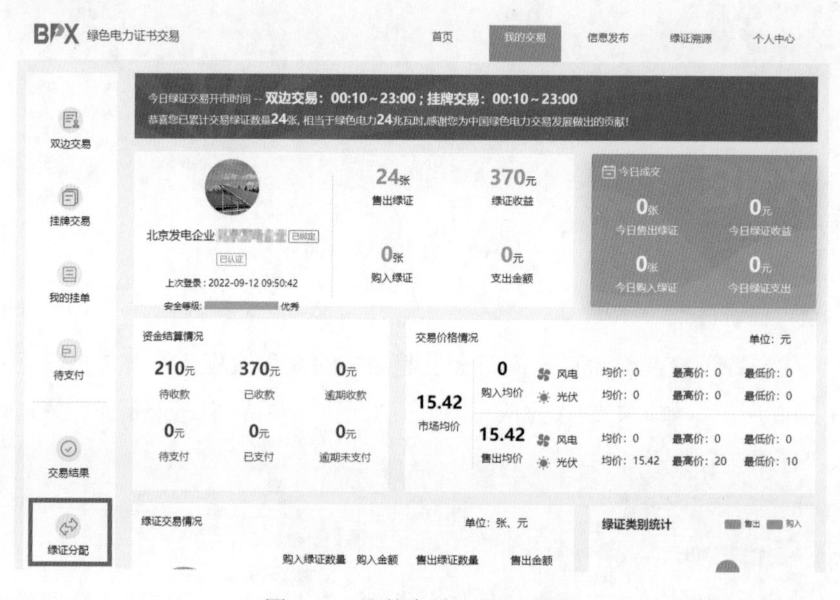

图 5-67　我的交易—绿证分配

售电公司购买绿证生成交易结果后，可在绿证分配页面将所购买的绿证进行分配，如图 5-68 所示。选择一笔成交订单，点击【分配】，弹出分配操作页面，如图 5-69 所示，页面上方展示售电公司绿证总量及可分配绿证数量，下方为操作区域，其中左侧为售电公司所代理零售用户全量列表，右侧为已选中待分配零售用户列表。

图 5-68　绿证分配页面

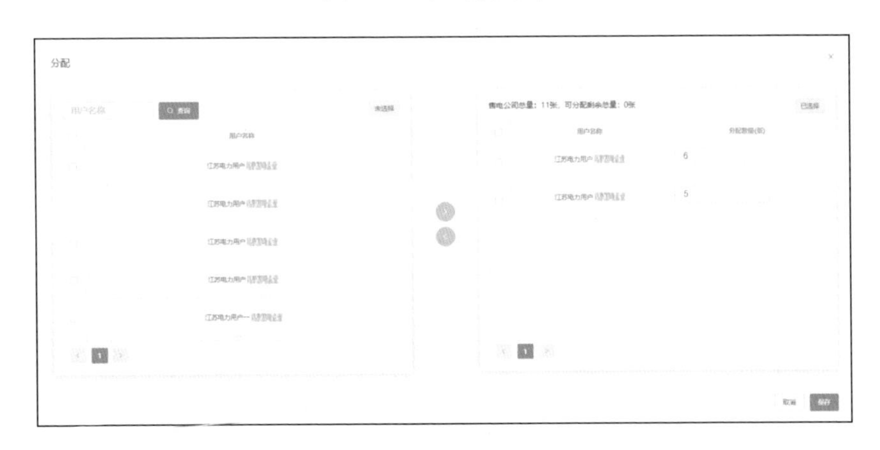

图 5-69　分配操作页面

如图 5-70 所示，在左侧勾选欲分配零售用户并点击【向右箭头】将其移动至右侧，在右侧分别输入分配的绿证数量，分配总量不能超过售电公司绿证总量，点击【保存】，完成此次分配，可再次点击【分配】调整分配情况。

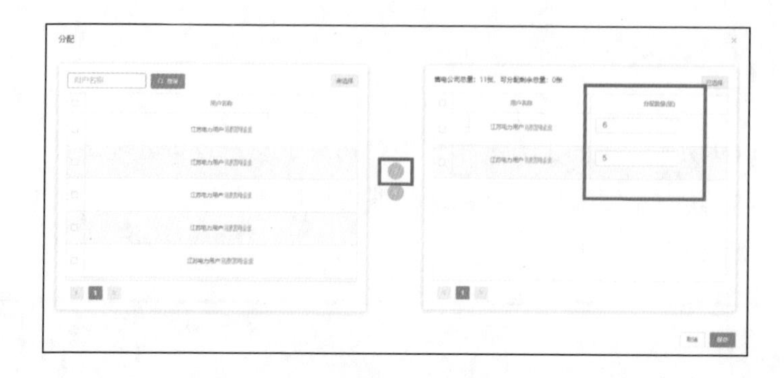

图 5-70 分配操作页面

如图 5-71 和图 5-72 所示，售电公司完成最终分配后，点击【确认分配】，分配结果将无法进行变更，系统根据分配情况发起证书制作流程。

图 5-71 绿证分配页面—确认分配

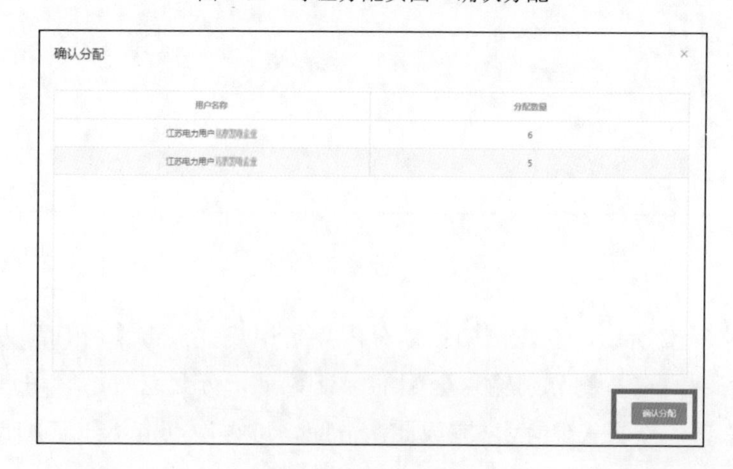

图 5-72 确认分配弹窗

如图 5-73 和图 5-74 所示，确认分配后可点击【查看】查看分配记录。

客服热线：(010) 5372 6100
欢迎您：新注销一号
退出登录
BPX 绿色电力证书交易
首页 我的交易 信息发布 绿证溯源 个人中心
温馨提示:未完成分配的绿证将自动计入售电公司账户，请及时完成分配
请输入商品名称 请选择绿证类型 请选择项目类型 请选择确认状态 查询 重置

项目基本信息	单价（元/张）	可分配剩余数量(张)	成交时间	状态	操作
20MW... 项目类型：光伏 绿证类型：无补贴绿证 北京发电企业	10	0	2022-09-13 20:38:49	已分配	查看

图 5-73 绿证分配页面

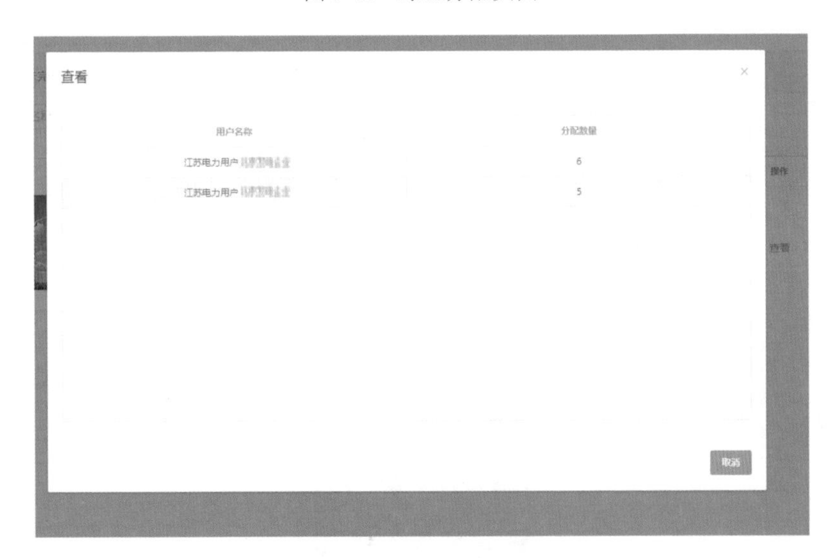

图 5-74 查看分配记录

分配情况说明：

1）若售电公司所成交的绿证均分配给零售用户，确认分配后系统根据分配情况分别为零售用户发起证书制作流程。

2）若售电公司所成交绿证未全量分配给零售用户，确认分配后剩余量将

自动计入售电公司账户，系统根据分配情况分别为售电公司和零售用户发起证书制作流程。

3）若售电公司所成交绿证未及时分配，全量将自动计入售电公司账户，系统根据成交结果为售电公司发起证书制作流程。

（2）查看证书。

售电公司完成分配操作后，可在交易结果页面选择订单点击【查看绿证】，查看分配情况以及最终生成的证书，如图 5-75 所示。如证书制作完成，即可查看证书图片；如还未制作完成，则会提示“证书正在制作中”。

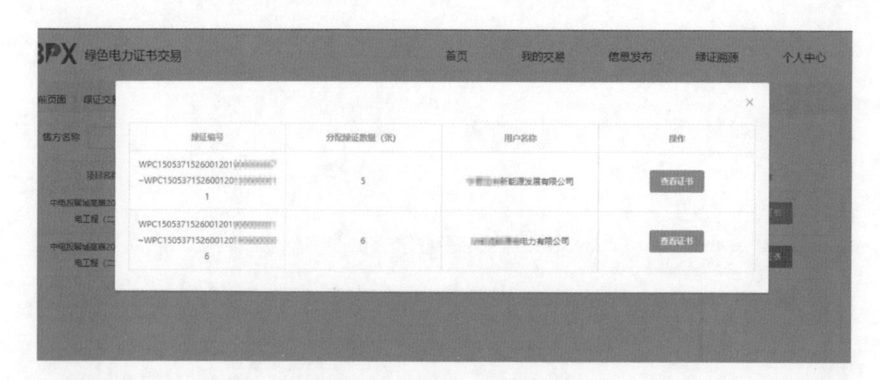

图 5-75　交易结果查看证书

（十三）“e-交易”使用指南

1.“e-交易”下载

目前“e-交易”已在主流应用商店上线，各市场主体均可通过 IOS、华为等应用商店搜索“e-交易”下载，安卓手机也可通过二维码下载，如图 5-76 所示（如已安装，需要先卸载后扫码安装）。

图 5-76　“e-交易”下载二维码

IOS 必须通过 App Store 下载，完成下载后，点击【安装】-【信任开发者】，需要在【通用】-【设备管理】中授权该应用，点击【信任】完成安装，如图 5-77 所示。

图 5-77　“e-交易”下载设置

2. “e-交易”登录

（1）打开“e-交易”App，进入右下角【我的】栏目，点击顶部【点击登录】按钮。

（2）市场主体登录方式选择其他登录方式，操作界面如图 5-78 所示。

图 5-78　“e-交易”登录步骤页面

1）使用账号+密码登录，（账号密码同电力交易平台账号密码）。

2）采用手机号+短信验证码方式登录。

注：企业密钥口令即为证书 PIN 码。

3. “e-交易”签名认证

（1）市场主体通过绿色电力证书交易系统向“e-交易”App 发送确认购售绿证指令，移动端成功接收指令后，点击推送消息通知栏，进入手机盾验证环节。这里需要注意的是，市场主体需要提前登录 App 后，才能收到绿色电力证书交易系统推送的确认指令。

（2）进入手机盾验证环节后，市场主体输入设置的证书 PIN 码进行验证，验证信息会回传至绿色电力证书交易系统。

二、国际绿证交易模式 I-REC

交易账户可以由所有电力供应商、公司或对交易 I-REC 的兴趣的个人开立。可以通过直接向 I-REC 标准组织填写申请表来开立交易账户。账户登录界面如图 5-79 所示。

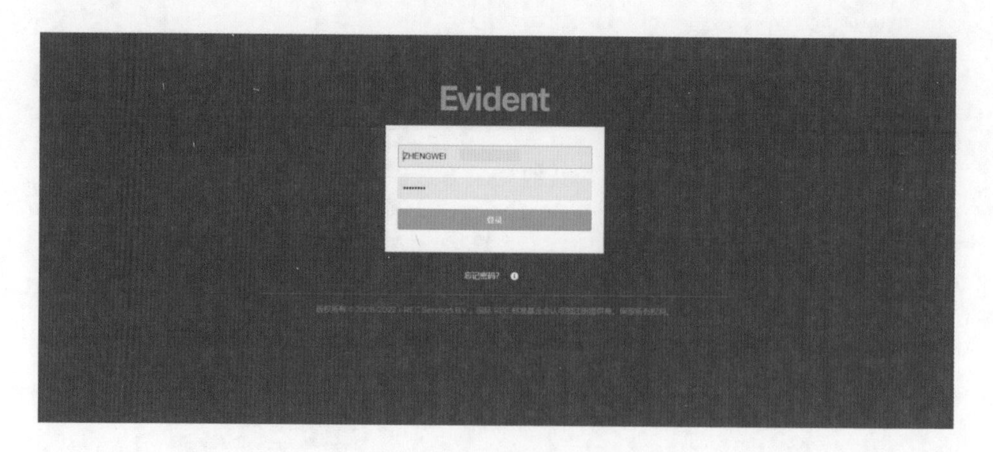

图 5-79 I-REC 绿证申请账户

进入账户后，选择设备“Devices”，并选择创建新的设备“Create Device”，如图 5-80 所示。

针对设备名称、默认账户代码、发行人代码以及设备燃料等信息按照步骤 1～4 依次进行填写，如图 5-81 所示。并需要提供以下材料并上传：电量结算单（电网盖章）以及带年份月份的发票；一次接线图；公司章程、合伙协议等能够体现出股权结构的文件；发电项目电厂、电表、风机等照片；发电项目所在地址以及经度、纬度；发电项目机组试运行时间；生产设备所连接网络的电压；是否有辅助备用能源；发电机组数量；以及风电项目接入系统方案的批复、风电电站并网调度协议、风电电站购售电合同、股权转让协议。最后，将相关材料整理后填写 I-REC 表格进行上传。

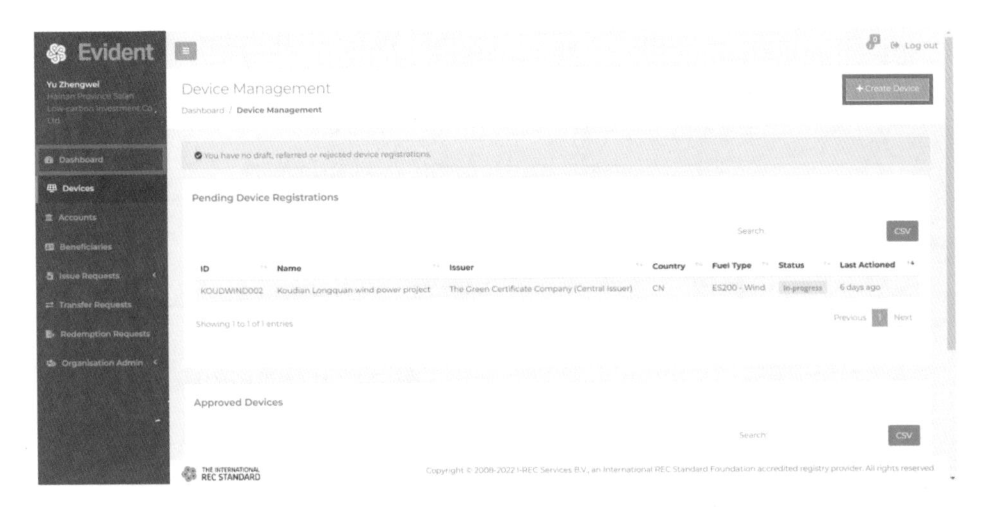

图 5-80　新设备创建

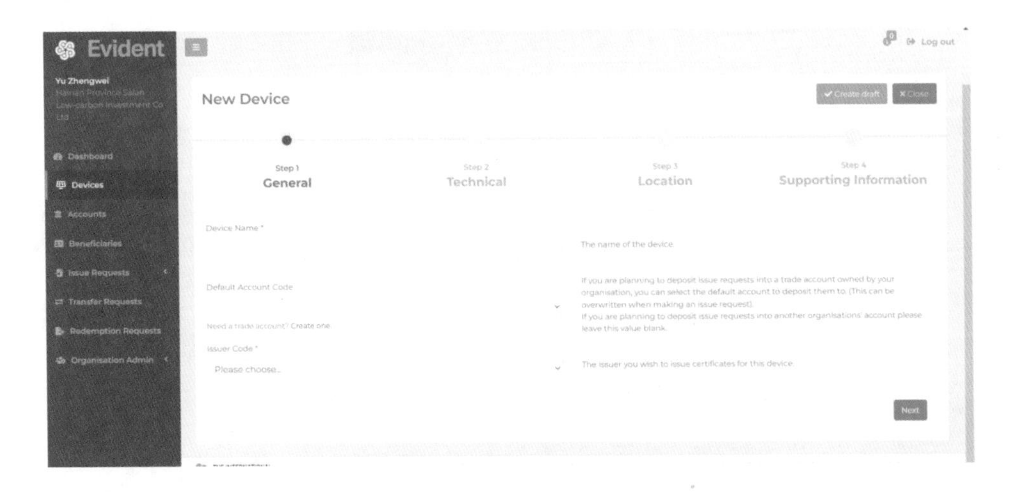

图 5-81　申请流程及需要材料

第六章

绿色电力交易市场

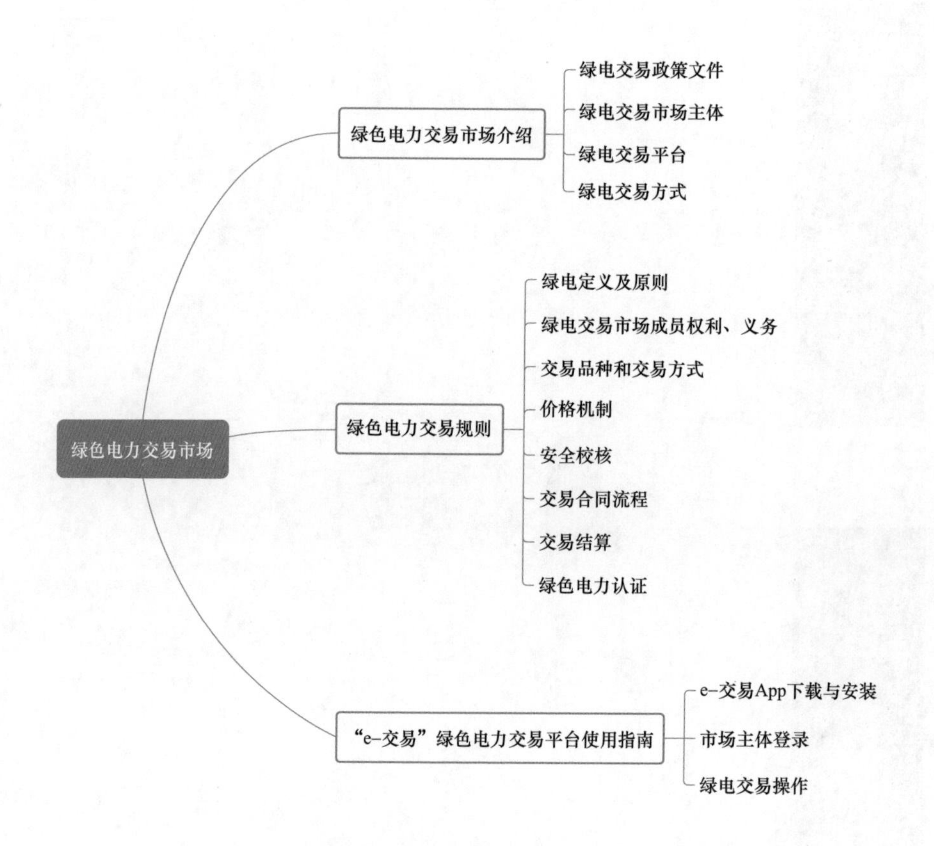

第一节　绿色电力交易市场介绍

在全面推动碳达峰、碳中和目标的背景下，绿电交易将充分激发供需两侧潜力、体现绿电的环境价值、推动绿色能源发展。

一、绿电交易政策文件

（一）国家层面政策

2021 年 8 月 28 日，国家发展改革委、国家能源局发布《关于绿色电力交易试点工作方案的复函》（以下简称《绿电交易试点方案》），同意国家电网公司、南方电网公司开展绿色电力交易试点。2023 年 2 月 15 日，国家发展改革委、财政局、国家能源局发布《关于享受中央政府补贴的绿电项目参与绿电交易有关事项的通知》（发改体改〔2023〕75 号），稳步推进享受国家可再生能源补贴的绿电项目参与绿电交易。2024 年 2 月 2 日，国家发改委办公厅国家能源局综合司印发《关于内蒙古电力市场绿色电力交易试点方案的复函》（发改办体改〔2024〕82 号），批复同意《内蒙古电力市场绿色电力交易试点方案》。

（二）地方层面试点政策

在 2021 年 8 月全国性绿色电力试点方案施行前，我国已有部分地方出台关于绿电交易的地方性政策。其主要包括：①2018 年初，北京电力交易中心会同国网华北分部和国网冀北电力出台的我国首个绿电交易规则《京津冀绿色电力市场化交易规则（试行）》（以下简称《京津冀规则》）；②2021 年 4 月 29 日，浙江发展改革委、浙江省能源局、浙江能监办联合印发的《浙江省绿色电力市场化交易试点实施方案》（以下简称《浙江方案》）。前述两个政策的主要内容可概括见表 6-1。

表 6-1　　京津冀规则与浙江方案对比

要点	京津冀方案	浙江方案
参与主体	发电企业+售电公司+运营机构+电网企业+电力用户	发电企业+电力用户
交易方式	双边协商、挂牌交易	集中竞价、双边协商、挂牌交易
用户结算周期	按月度结算	按月度结算
用户电价	只结算电量电费	用户结算电价=交易价格+输配电价（含线损）+辅助服务费用+政府性基金及附加等

二、绿电交易市场主体

参与绿色电力交易的市场成员包括电网企业、发电企业、售电公司、电力用户等市场主体和电力交易机构、电力调度机构、国家可再生能源信息管理中心等市场运营机构。按照市场角色分为售电主体、购电主体、输电主体和市场运营机构。

三、绿电交易平台

在国家电网区域中，绿电交易采用国家电网公司开发“e-交易”电力市场统一服务平台，开设绿色电力交易专区，提供“一网通办、三全三免”绿色电力交易服务。“一网通办”，用户登录即可享受绿电交易申报、交易信息获取、结算结果查询、绿电消费认证等“一站式”服务。

四、绿电交易方式

绿电交易方式分为直接交易和间接交易。直接交易指由电力用户（含售电公司）与发电企业等市场主体直接交易。间接交易指电网企业代理购买绿电产品，电力用户向电网企业购买其保障收购的绿电，省级电网企业、电力用户可以以集中竞价、挂牌交易等方式进行，省级电网公司也可统一开展省间市场化交易再出售给省内电力用户。

对于直接交易方式购买的绿电产品，交易价格由发电企业和电力用户通过双边协商、集中撮合等方式形成。对于向电网企业购买的绿电产品，以挂牌、集中竞价等方式形成交易价格。

第二节 绿色电力交易规则

为推进绿色电力交易试点工作有序开展，北京电力交易中心组织制定了《北京电力交易中心绿色电力交易实施细则》，南方区域各电力交易机构联合编制了《南方区域绿色电力交易规则（试行）》，蒙西交易中心发布了《内蒙古电力多边交易市场绿色直购电交易实施细则（试行）》。

本节中绿电交易规则以介绍《北京电力交易中心绿色电力交易实施细则》为主，部分名词解释结合《南方区域绿色电力交易规则（试行）》便于读者理解。

一、绿电定义及原则

1. 绿色电力

绿色电力简称“绿电”，是指符合国家有关政策要求的风电、光伏等可再生能源企业上网电量。市场初期，主要指风电和光伏发电企业上网电量，根据国家有关要求可逐步扩大至符合条件的其他电源上网电量。

2. 绿色电力交易原则

应坚持绿色优先、安全可靠、市场导向、试点先行的原则，充分发挥市场作用，全面反映绿色电力的电能价值和环境价值，引导全社会形成主动消费绿色电力的共识与行动。《南方区域绿色电力交易规则（试行）》中还强调了“绿色低碳”，要充分满足电力用户、售电公司、电网公司主动购买绿色电力的市场需要，逐步建立风电、光伏等绿色电力参与市场的长效机制，探索拓展绿色电力覆盖范畴，保障绿色电力在交易组织、执行和结算方面的优先地位。

二、绿电交易市场成员权利、义务

参与绿色电力交易的市场成员包括电网企业、发电企业、售电公司、电力用户等市场主体和电力交易机构、电力调度机构、国家可再生能源信息管理中心等市场运营机构。按照市场角色分为售电主体、购电主体、输电主体和市场运营机构。

（1）发电企业。初期主要为风电和光伏等新能源企业。绿色电力交易优先组织未纳入国家可再生能源电价附加补助政策范围内，以及主动放弃补贴的风电和光伏电量（以下简称“无补贴新能源”）参与交易。已纳入国家可再生能源电价附加补助政策范围内的风电和光伏电量（以下简称“带补贴新能源”）参与绿色电力交易，参与绿色电力交易时高于项目所执行的煤电基准电价的溢价收益，在国家可再生能源补贴发放时等额扣减。发电企业放弃补贴的电量，参与绿色电力交易的全部收益归发电企业所有。

（2）电力用户。主要为具有绿色电力消费及认证需求、愿意为绿色环境权益付费的用电企业，主要包括直接参与或由售电公司代理参与交易的用户。具备条件后引入电动汽车、储能等新型主体参与绿色电力交易。

（3）售电企业。参与绿色电力交易的售电公司代理有绿色电力消费需求的电力用户购买绿色电力产品，通过零售合同销售给相应用户，并鼓励售电公司推出绿色电力套餐。

（4）电网企业。为开展绿色电力交易相关市场主体提供公平的报装、计量、抄表、结算、收费等供电服务；汇总省内电力用户或售电公司需求，跨省跨区购买绿色电力产品。

（5）电力交易机构。电力交易机构分为电力交易中心、调度机构和国家可再生能源信息管理中心，各方主体职能如图 6-1 所示。

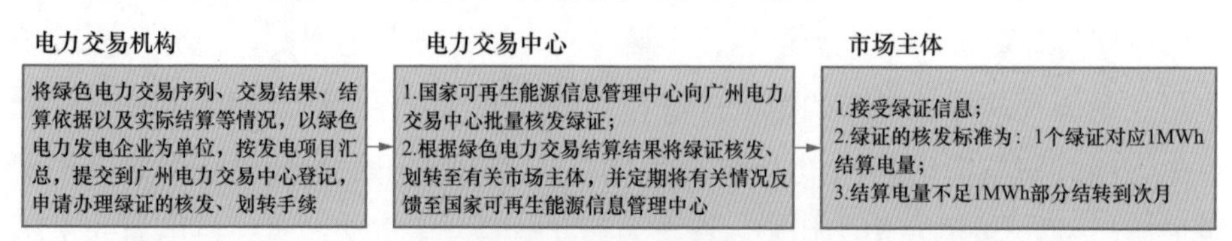

图 6-1　绿电交易各主体职能

电力交易中心负责：配合政府主管部门编制、修订绿色电力交易相关规则及工作方案；组织省间绿色电力交易，出具相关结算依据，开展相关信息披露；汇总管理省间、省内绿色电力交易合同、结算依据；会同国家可再生能源信息管理中心，根据绿色电力交易信息，完成绿证核发、划转等工作；建设和运营绿色电力交易平台。

各省级电力交易中心主要负责：提供市场注册服务，按照细则优先组织绿色电力交易，汇总管理绿色电力交易合同，出具绿色电力交易结算依据，提供绿色电力消费认证服务，开展信息披露。

（6）电力调度机构。负责绿色电力交易安全校核，在确保电网安全的前提下，按调度规程实施电力调度，保障绿色电力交易合同优先执行。

（7）国家可再生能源信息管理中心。负责根据绿色电力交易需要，会同电力交易中心向发电企业核发绿证。具体流程为电力交易中心依据绿色电力交易结算结果，经有关市场主体确认后，将绿证由发电企业划转至有关电力用户，并将划转情况定期反馈至国家可再生能源信息中心。

三、交易品种和交易方式

1. 交易品种

绿色电力交易标的物为风电、光伏等绿色电力发电企业的上网电量。在绿色电力供应范围内，电力用户与绿色电力发电企业建立认购关系，选择通过参与市场化购电的方式获得绿色电力。

中长期电力交易主要开展电能量交易，分为分时段交易、增量交易及合同调整交易三种。绿色电力交易是中长期交易的组成部分，执行电力中长期交易规则。

已开展分时段中长期交易的地区，应结合绿色电力发电特性，做好绿色电力交易与分时段交易的衔接。初期绿色电力交易以年度（多月）为周期组织开展，月度或月内根据电源、负荷变化可以组织增量交易及合同调整交易。

享受国家可再生能源补贴的绿色电力，参与绿色电力交易时高于项目所执行的煤电基准电价的溢价收益等额冲抵国家可再生能源补贴或归国家所有；发电企业放弃补贴的，参与绿色电力交易的全部收益归发电企业所有。参与电力市场交易的绿色电力由项目单位自行参加绿色电力交易，项目单位参加绿色电力交易产生的溢价收益及参加对应绿证交易的收益，在国家可再生能源补贴发放时等额扣减。绿色电力交易电量相应环境权益依据合同约定转移至电力用户，环境权益应确保唯一，不得重复计算或出售。

2. 交易方式

绿色电力交易分为省内交易和省间交易两种。交易方式采用双边协商、挂牌交易、集中竞价等。

（1）交易范围。

1）省内绿色电力交易是指由电力用户或售电公司通过电力直接交易的方式向本省发电企业购买绿色电力产品。

省内电力直接交易无法满足绿色电力消费需求，电力用户或售电企业可向本省电网企业购买其保障收购的绿色电力产品。可采取以下方式：

a）省级电网企业发布其拟出售的保障收购绿色电力产品电量、电价，本省电力用户申报绿色电力购买需求，包括电量、电价，以集中竞价方式开展省内交易。

b）省级电网企业将拟出售的保障收购绿色电力产品，以保障性收购电量、保障性收购电价叠加消费成本、绿色电力价值等因素挂牌，本省电力用户摘牌方式开展省内交易。

2）省间绿色电力交易是指电力用户或售电公司向其他省发电企业购买符合条件的绿色电力产品，初期由电网企业汇总省内绿色电力交易需求，跨区跨省购买绿色电力产品，结合电力市场建设进展和发用电计划放开程度，建立多元市场主体参与跨省跨区交易机制，有序推动发电企业与售电公司、用户参与省间绿电交易。

3）绿色电力交易由北京电力交易中心会同试点省电力交易中心统一组织，在统一绿色电力交易平台发布交易公告、出清、发布交易结果。

（2）交易方式。

绿电交易的组织方式主要包括双边协商、挂牌等，可根据市场需要进一步拓展，应实现绿色电力产品可追踪溯源。其中：

1）双边协商交易。市场主体自主协商交易电量、价格，通过绿色电力交易平台申报、确认、出清。

2）挂牌交易。市场主体一方通过绿色电力交易平台申报交易电量、价格等挂牌信息，另一方市场主体摘牌、确认、出清。

3）集中竞价交易，市场主体购售双方均通过绿色电力交易平台申报交易电量（电力）、价格等信息，按照报价撮合法出清形成交易结果。

4）常态化开展中长期分时段交易的地区可按照相关规则，开展分时段或带电力曲线的绿色电力交易。

（3）交易组织流程。

绿色电力交易优先组织，鼓励市场主体以省内直接交易的方式参与绿电交易。省内绿色电力交易组织流程见表6-2，省间绿色电力交易组织流程见表6-3。

表6-2　省内绿色电力交易组织流程

步骤	内容
第一步	省级电力交易中心根据市场主体在绿色电力交易平台提交的交易需求申请，以年（多年）、月（多月）、月内（旬、周）等为周期组织开展省内绿色电力交易；现货试点地区可结合电力市场运营实际，组织更短周期的绿色电力交易
第二步	省级电力交易中心在绿色电力交易平台发布交易公告，市场主体按时间规定申报、确认电量（电力）、电价等信息，绿色电力交易平台出清形成无约束交易结果
第三步	省级电力交易中心将无约束交易结果提交相应调度机构安全校核，经安全校核后发布有约束交易结果

表6-3　省间绿色电力交易组织流程

步骤	内容
第一步	电网企业会同省级电力交易中心在绿色电力交易平台收集汇总电力用户、售电公司通过省间市场购买绿色电力产品的电量（电力）、电价等需求信息
第二步	电力交易中心根据电网企业汇总的需求信息，以年（多年）、月（多月）、月内（旬、周）等为周期组织开展省间绿色电力交易，达成交易后发布无约束交易结果
第三步	电力交易中心将无约束交易结果提交相应调度机构安全校核，经安全校核后发布有约束交易结果，并推送至购售双方属地省级电力交易中心

3. 交易出清

预成交结果由双方在“e-交易”平台确认后形成。申报结束后，由交易中心将预成交结果提交电力调度机构安全校核，安全校核不通过时，按等比例原则出清形成最终交易结果。

四、价格机制

绿色电力交易价格由市场主体通过双边协商、挂牌交易、集中竞价等方式形成。应充分体现绿色电力的电能价值和环境价值，市场主体应分别明确电能量价格与绿色环境权益价格。

参与绿色电力交易的电力用户、售电公司。其购电价格由绿色电力交易价格、输配电价、辅助服务费用、政府性基金及附加等构成。输配电价、辅助服务费用、政府性基金及附加按照国家有关规定执行。上网环节线损费用按照电能量价格依据有关政策规则执行，输配电价、系统运行费用、政府性基金及附加按照国家及地方有关规定执行。售电公司根据零售合同约定收取相应费用。

绿色电力试点交易初期，按照平稳起步的原则，可参考绿色电力供需情况合理设置交易价格上、下限，待市场成熟后逐步取消。

五、安全校核

电力交易机构将绿色电力交易无约束出清结果提交相关电力调度机构进行安全校核。电力调度机构返回安全校核结果后，电力交易机构发布绿色电力交易有约束结果。

六、交易合同流程

（1）合同签订。

1）电力用户或售电公司与发电企业签订绿色电力交易合同，应明确交易电量（电力）、电价及偏差补偿等事项，售电公司与电力用户签订的零售合同中也应明确上述事项。

2）各市场主体应事先明确绿色环境权益偏差补偿方式，随交易申报一并填报确认，并列入合同条款。

3）绿色电力交易平台根据交易结果形成电子合同，电子合同与纸质合同具备同等效力。

（2）合同调整。

1）绿色电力交易可根据中长期规则、省间细则等规则的相关规定，在合同各方协商一致，并确保绿色电力产品可追踪溯源的前提下，开展合同回购、转让等交易，以促进合同履约。

2）合同回购、转让等交易需要通过电力调度机构安全校核。

（3）合同执行。

在非现货试点地区，同一交易周期内参与绿色电力交易的发电企业对应合同电量由相应电力调度机构予以优先安排，保证交易结果优先执行；在现货试点地区，电力调度机构为市场主体提供绿色电力优先出清履约的市场机制。

七、交易结算

绿色电力交易按照相关中长期交易规则优先结算。电力交易机构负责向市场主体出具绿色电力交易结算依据，随市场主体交易结算单按月发布，市场主体进行确认。

电力交易机构向市场主体出具的绿色电力交易结算依据内容如图6-2所示。

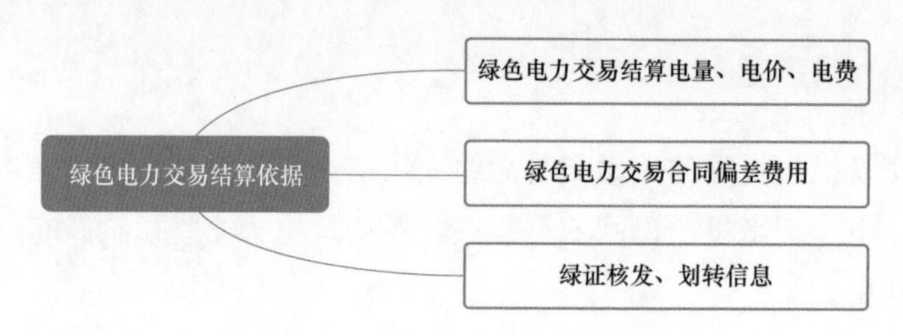

图6-2 绿色电力交易结算依据

（1）绿色电力交易结算方式见表6-4。

表6-4 绿电交易结算方式

序号	不同情况的绿电交易	结算方式
1	发电企业上网电量和电力用户用电量均超过绿色电力交易合同电量时	按合同电量结算
2	当至少有一方电量低于合同电量时	根据电量较低一方的实际上网/用电量结算

续表

序号	不同情况的绿电交易	结算方式
3	同一电力用户/售电企业与多个发电企业签约，总用电量低于总合同电量时	该电力用户/售电企业对应于各发电企业的用电量按总用电量占总合同电量比重等比例调减
4	同一发电企业与多个电力用户/售电企业签约，总上网电量低于总合同电量时	该发电企业对应于各电力用户/售电企业的上网电量按总上网电量占总合同电量比重等比例调减

（2）绿色电力交易电能量偏差结算按照相关省电力中长期交易规则执行，绿色环境权益偏差按照合同中约定的绿色环境权益偏差补偿条款执行。

（3）省间绿色电力交易结算应符合省间细则相关条款规定。

八、绿色电力认证

根据电力交易合同、执行、结算等信息，为相关市场主体核发、划转绿证。绿证按月核发与划转，具体流程如图 6-3 所示。

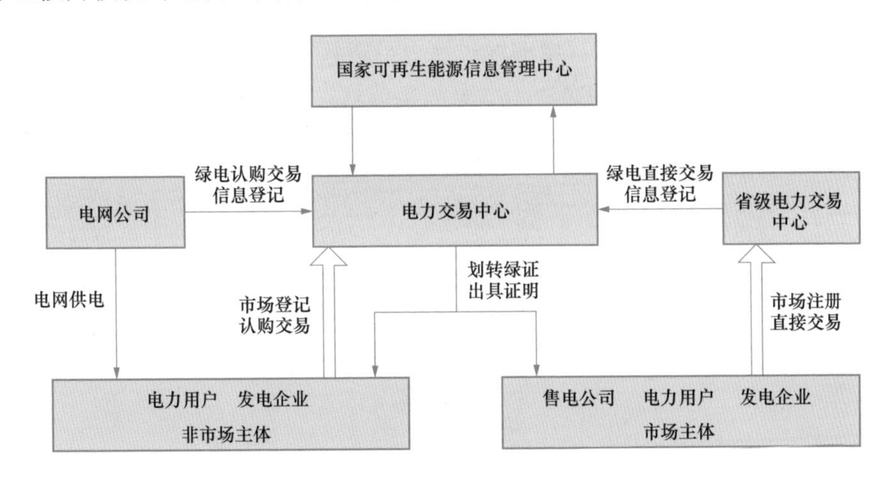

图 6-3　绿电交易流程简介

（1）国家可再生能源信息管理中心按照相关规定为新能源发电企业核发绿证，并将有关信息推送至北京电力交易中心，绿证信息计入绿色电力交易平台发电企业的绿色电力账户。

（2）电力交易中心依据绿色电力交易结算结果等信息，经发用双方确认后，在绿色电力交易平台将绿证由发电企业划转至电力用户。

（3）电力交易中心定期将绿证划转信息提交国家可再生能源信息管理中心。

电力交易中心可按照电力用户需要，依据绿色电力交易平台记录的绿色电力交易申报、合同、执行、结算、绿证划转等信息，为电力用户提供参与绿色电力交易相关证明。

第三节 “e-交易”绿色电力交易平台使用指南

“e-交易”电力市场服务平台作为绿色电力交易平台，交易业务贯通批发市场与零售市场，实现市场服务业务一网通办，提供电力交易平台外延服务，实现交易平台功能移动化。本节介绍“e-交易”App 操作步骤，用户可通过 App 直接在线参与绿电交易。

平台可为市场主体提供绿色电力交易申报、交易结果查看、结算结果查看及确认等服务。依托区块链技术可靠记录绿色电力交易、合同、结算等全业务环节信息，为市场主体提供权威的绿色电力消费认证。按照信息披露有关规定，及时准确为市场主体提供绿色电力交易相关信息。采用多重安全认证技术，保障市场主体注册账号、交易信息安全。

一、“e-交易”App 下载与安装

“e-交易”App 已在应用商店上架，如图 6-4 所示，可直接安装。

图 6-4 “e-交易”App

IOS 扫码下载时，点击【安装】-【信任开发者】，需要在【通用】-【设备管理】中授权该应用，点击信任完成安装。

（1）为了保证交易的安全，在登录和申报环节都需要手机盾验证。市场主体企业信息需要先同步到区块链上，才可进行手机盾验证。

（2）三个一原则：一个手机号对应一个企业，对应一台手机设备。

（3）首先登录的平台地址是 pmos.sgcc.com.cn，选择短信登录或证书登录（各省情况不同）。

（4）交易平台管理员会设置企业手机盾企业密钥口令，登录和交易均需要此密码。

（5）登录后，点击右上角头像图标，选择【个人中心】。

（6）绑定的手机号与操作员的手机号需要一致，后续激活手机盾需要手机验证码。如已绑定手机号则不需要再绑定。

（7）若手机号与操作员手机号的不一致，可以在个人中心进行更改。更改时若显示手机号已存在，表示该手机号已被其他市场主体使用，或用户已注册为个人用户，请使用其他号码。

二、市场主体登录

（1）市场主体可直接使用电力交易平台“账号+密码”登录。

（2）打开“e-交易”App，进入右下角【我的】栏目，点击顶部【点击登录】按钮，如图 6-5 所示。

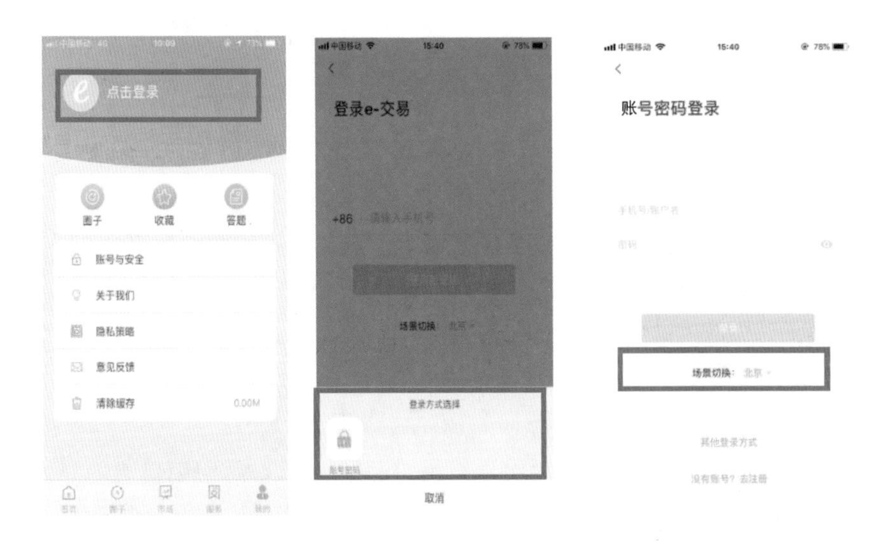

图 6-5　用户登录界面

（3）App 默认手机号验证码登录，需要提前在电力交易平台预留手机号，建议市场主体点击【其他登录方式】，选择账号+密码的登录方式，输入完毕后交易场景选择即可完成登录。

（4）市场主体首次登录成功后，需要进行手机盾激活，如图 6-6 所示。系统提示您尚未激活手机盾，需要激活后使用，点击【立即激活】，进入手机盾激活页面，需要短信验证码完成验证。

（5）手机盾验证完成后，重新登录即可，需要输入交易平台管理员设置的企业密钥口令登录。

图 6-6 用户账号激活

三、绿电交易操作

（一）意向发布

（1）市场主体点击【我的意向】按钮。点击【+】号，填写购（售）电意向信息，包括交付周期、交付年份、售出/求购购电量、意向电价等信息。

（2）点击【发布意向】按钮，如图 6-7 所示，即可发布购（售）电意向。发布后可在【我的意向】列表中，如图 6-8 所示，对意向进行管理。可对已发布的意向进行再编辑、上下架、查看详情等操作。

图 6-7　交易意向发布

图 6-8　交易意向管理

（3）意向浏览：浏览意向商城，市场主体选择感兴趣的意向，点击进入意向详情。

（4）意向对比：进入意向详情页，购电侧可点击【我的意向】，可查看对比列表，点击【开始对比】，即可显示意向数据对比。

（5）可勾选标识优势项、高亮不同项，隐藏相同项等操作，方便市场主体直观地查看对比数据。

（6）市场主体可以选择多个意向洽谈，利用【对比】功能，帮助用户筛选最佳意向。

（二）发起报价

选择感兴趣的意向，点击【跟他谈】，输入意向电量和电价，进入双边洽谈。由购电侧一方报价，点击【发起报价】快捷键按钮，输入电价和电量，完成首次报价。

图 6-9 绿电交易专区界面

（三）曲线申报

在双边洽谈期间，交易双方均可调整电量电价，不限制调整次数。点击对话框中【查看】按钮，输入调整的电量电价，点击【我要调整】，待对方继续调整或确认报价。

交易双方确认报价信息，点击【确认报价】按钮，形成意向订单。双边交易专区界面如图 6-9 所示。

（1）双边交易提供该业务四个核心环节的快捷操作按钮，方便市场主体根据当前交易进度，快速定位交易进程。

（2）精选绿电意向，市场主体所在区域所有购售电意向综合排名列表，市场主体可充分查看，对比意向。

（四）交易流程

（1）市场主体在 App 发布购售电意向，双方经过洽谈和调整报价后达成一致后，形成意向订单。

（2）在电力交易平台发布交易序列后，即可进行申报操作，系统支持典型曲线、标准曲线、分时段曲线。购售电双方曲线调整确认后，完成在线申报，系统将订单信息推送至电力交易平台。

（3）电力交易平台按照规则进行出清和安全校核，达成正式交易。

附录

碳排放权交易市场相关政策

扫描二维码可在线阅[illegible]

火电篇相关规定

1.《纳入2019—2020年全国碳排放权交易配额管理的重点排放单位名单》

2.《企业温室气体排放核查技术指南　发电设施》

3.《企业温室气体排放核算与报告指南　发电设施》

4.《2021、2022年度全国碳排放权交易配额总量设定与分配实施方案（发电行业）》

5.《2023、2024年度全国碳排放权交易发电行业配额总量和分配方案（征求意见稿）》

6.《碳排放权登记管理规则（试行）》

7.《碳排放权交易管理规则（试行）》

8.《碳排放权结算管理规则（试行）》

9.《碳排放权交易管理办法（试行）》

10.《碳排放权交易管理暂行条例》

11.《2021、2022年度全国碳市场重点排放单位使用CCER抵销配额清缴程序》

新能源篇相关规定

1.《温室气体自愿减排交易管理办法（试行）》

2.《温室气体自愿减排项目设计文件模板——避免、减少排放类项目》

3.《温室气体自愿减排项目减排量核算报告模板》

4.《温室气体自愿减排项目方法学　并网海上风力发电》

5.《温室气体自愿减排项目方法学　并网光热发电》

6.《北京电力交易中心绿色电力交易实施细则（修订稿）》
7.《南方区域绿色电力交易规则（试行）》
8.《南方区域绿色电力证书交易实施细则（2023 年版）》